wenn möglich,
bitte wenden!

Eine Bitte an meine verehrte Leserschaft

Betrachten Sie die vor Ihnen liegende Lektüre nicht als eine automobilgeschichtliche Abhandlung, sondern als ein Kaleidoskop aus Weissagungen prophetisch meist unbegabter Persönlichkeiten, aus nachhaltigen Fehleinschätzungen sowie aus Schilderungen tragischer, uns gleichwohl amüsierender Begebnisse mit Großvaters Motorwagen – alles dokumentiert durch eine Fülle schrecklich-schöner Bilder aus historischen Fotoalben. Den passionierten Automobilisten erwarten viele Überraschungen, einige Ernüchterungen, vor allem aber jede Menge nostalgische Vergnüglichkeiten und Kuriositäten.

Ihr Halwart Schrader

84-342 D.C.
1923

wenn möglich, bitte wenden!

Auf einer
ungebremsten Zeitreise
unterwegs mit
Halwart Schrader

1. Auflage 2023

Innengestaltung, Satz: texte-team Julia Voigt
Druck und Bindung: Klicks GmbH, Ilmenau
Printed in Germany

bis500

Inhalt

»Das Auto halte ich für eine vorübergehende Erscheinung. Ich glaube an das Pferd.«

Wilhelm II. von Hohenzollern, deutscher Kaiser 1888–1918

Ein aufheulendes Auto sei schöner als die Nike von Samothrake, heißt es im Futuristischen Manifest von 1909. Das vermag eventuell zu bestätigen, wer die im Louvre geparkte Statue in natura gesehen und nicht nur im Gugelnet betrachtet hat. Die antike Nike könnte aber durchaus für die Kühlerfigur zu einem aufheulenden Auto Modell gestanden haben. Wie schade, dass der engelsgleich geflügelten Dame im Lauf der Zeit einer ihrer Körperteile abhanden kam. Schon geringe Kenntnisse der Anatomie genügen, um zu erkennen: Es ist der Kopf. Zu den Verfassern jenes Manifests gehörte der italienische Frühautomobilist Filippo Tommaso Marinetti. Für ihn offenbarte sich »die Herrlichkeit der Welt in einer neuen Schönheit – das ist die Schönheit der Geschwindigkeit. Ein Rennwagen, dessen Karosserie große Rohre schmücken, die Schlangen mit explosivem Atem gleichen ...«

Wenn wir uns vergewärtigen, aus welcher Veranlassung jemand vor vielen Jahrzehnten oder auch erst am vergangenen Mittwoch seine Überzeugung zum Ausdruck brachte, einen Sachverhalt kommentierte, ein launiges Feuilleton verfasste oder einen literarisch wertvollen Dialog führte – dann sollte uns die zeitliche Distanz nicht nur zu einer objektiven Beurteilung der Aussagen verpflichten; vielmehr gemahnt sie uns auch zu milder Nachsicht.

Gern zitiert, wenn es um weniger leidenschaftliche Affinität zum Automobil geht, wird Kaiser Wilhelm II., jener Monarch, von dem überliefert ist, dass er der Verlässlichkeit des Motorwagens weniger Vertrauen schenkte als der des Pferdes, hat übrigens ebenso wenig jemals selbst einen solchen gelenkt wie jener »Führer«, der – und das ohne Führerschein – den deutschen Karren an die Wand gefahren hat und vorher noch seinen Untertanen den (gelegentlich aufheulenden) Volkswagen zum Geschenk machen wollte – nur 990 Mark sollte der Kraft-durch-Freude-Spender kosten. Wenn das nicht so gut wie geschenkt gewesen wäre!

Der von Kaiser Wilhelm formulierte Vorbehalt basierte nicht auf einer Fehleinschätzung des sich vehement entwickelnden Motorisierungsprozesses in Europa. Seine ablehnende Haltung resultierte vielmehr aus der Befürchtung (die er mit seinem Reichskanzler Bismarck teilte), der sich abzeichnende Automobil-Boom könnte mehr noch als die vielen Millionen Petroleumlampen in den 1860er-Jahren – vor der Erfindung des elektrischen Lichts – Deutschland zunehmend von Erdölimporten aus dem Orient abhängig machen. Vom Kartell britischer Bohrgesellschaften, die auf den Feldern im Osmanischen Reich die fossilen Energieträger erschlossen hatten, diktierte Ölpreise könnten als politisches Druckmittel bestens geeignet sein, so argwöhnte der Kaiser, Deutschlands hochrangige Machtposition in Europa empfindlich zu beeinträchtigen. Gefühlte oder auch ganz reale Abhängigkeiten von ausländischer Energiezufuhr sorgen auch im 21. Jahrhundert wieder – oder immer noch – für Diskussionsstoff. Wie

Kaiser Wilhelm II. im Fond eines Benz bei einem Besuch in der Schweiz, 1912. Seine Befürchtung, eine motorisierte Welt könnte sich von ausländischen Erdöl-Monopolisten abhängig machen, war nicht unbegründet. Die Amerikaner hatten derlei Sorgen (noch) nicht, sie verfügten über flüssige Bodenschätze vielerorts im eigenen Land.

Zwei gesunde PS als Helfer in der Not, wenn kränkelnde vierzig versagen … (1924)

auch die Frage, inwieweit man zumindest in der Stadt auf den Kraftwagen überhaupt verzichten könnte, wobei als Alternative allerdings nicht das Pferd in Betracht gezogen wird, sondern das Fahrrad (das elektrische, nota bene). Und es sind keine Narren, die derlei Konzepte in den Ring werfen.

Doch »lieber ein Narr sein auf eigene Faust, als ein Weiser nach fremdem Gutdünken!« schrieb der postmoderne Philosoph Friedrich Nietzsche in seinem Werk *Also sprach Zarathustra*. Manchmal hat man – vor allem, wenn man im Großstadtstau eingekeilt ist – den Eindruck, es sitzen ziemlich viele »Narren auf eigene Faust« am Lenkrad ihrer Fahr- oder auch Standzeuge, versehen mit Signore Marinettis explosivem Schlangenatem aus großen Rohren …

1

zwei Zentnersäcke Koks auf 50 Kilometer: Dampf-ansage

The Sheppee Steam Lorry: Einer der in nur 14 Exemplaren von 1905 bis 1914 in York (GB) gebauten Dampflastwagen dieses Fabrikats. Die Fracht: ein 1898er Dougill.

Trenton, New Jersey (USA), 1908. Noch stand die Reinhaltung der Luft nicht zur Debatte.

1891 in Frankreich entstandenes Dampf-Taxi bei einer Erprobung in den 1950er-Jahren.

Oben: Amerikanische Dampfspritze, 1909. Um ständige Einsatzbereitschaft zu gewährleisten, musste der Kessel auch im Depot ständig unter Druck gehalten werden.

Rechts: White Steam Car, 1909. Es ist der Dienstwagen des US-Präsidenten William Howard Taft.

Links: Der Amerikaner Jerome Increase Case baute 1842 seine erste Dreschmaschine und 1876 seinen ersten Dampfschlepper. Der ideenreiche Ingenieur aus Rochester, Wisconsin, trug im 19. Jahrhundert in erheblichem Maße zur Mechanisierung der Agrarwirtschaft in aller Welt bei.

Unten: Dampfzugmaschine der 1883 gegründeten Holt Mfg. Company, Stockton, Kalifornien – ein gewaltiges Stück Technik aus dem Jahr 1914. Während des Ersten Weltkrieges kamen zahlreiche dieser Traction Engines mit den US-Truppen auch nach Europa und dienten als Schlepper für schwere Artillerie.

»Ich habe mit der nachpfuschenden Konkurrenz gekämpft, prozessiert und eine ganz neue Industrie geschaffen ...«

Gottlieb Daimler, der sich um sein Lebenswerk betrogen wähnte, 1899

Aufmerksame Ehemänner denken sich ein nettes Geschenk für ihre Angetraute aus, wenn der alljährliche Hochzeitstag naht, wie jener von Herrn Gottlieb Daimler und seiner Gattin Emma am 9. November 1885. Mit nichts Geringerem als mit einer eigens für sie angefertigten Pferdekutsche wollte der Motorenkonstrukteur in Cannstatt sie überraschen, in Auftrag gegeben beim Stuttgarter Wagenbauer Wimpff.

Dann aber überlegte Herr Daimler es sich anders und machte aus der »Americaine« einen ohne Pferde kutschierbaren Wagen – durch die Implantation eines seiner einzylindrigen Viertaktmotoren mit Glührohrzündung. Das Fahrzeug sollte dazu dienen, die Brauchbarkeit des Daimler-Motors in einem Straßenfahrzeug zu erproben.

Kurz vor dem Höhepunkt seines ruhelosen Schaffens drohte dem experimentierfreudigen Motoren- und Automobilpionier Daimler das Geld auszugehen. Um sein unternehmerisches Risiko zu verringern, gründete er 1890 die Daimler Motoren-Gesellschaft (DMG). Nur ein Drittel der Aktien vermochte er selbst zu übernehmen. Indem er die Majorität unbekannten Anteilszeichnern zu überlassen gezwungen war, hatte er deren Einfluss auf die Unternehmenspolitik zu gewärtigen – und jede Menge sich daraus ergebender Probleme.

»Die weltweite Nachfrage nach Motorfahrzeugen wird eine Million niemals überschreiten – allein schon aus Mangel an verfügbaren Chauffeuren.«

Gottlieb Daimler, 1899

Um jene Zeit entwickelten Daimler und sein Partner Wilhelm Maybach gemeinsam den ersten Zweizylindermotor. Nachdem es zwischen den Aktionären und Gottlieb Daimler wie befürchtet zu Differenzen gekommen war, verkaufte er verärgert seine Anteile und verließ 1893 die Gesellschaft. Maybach folgte ihm. Doch mit Hilfe britischer Investoren wurde Daimler schon bald wieder Anteilseigner an der DMG, musste den Briten dafür aber das Recht einräumen, den Namen Daimler künftig für deren eigene Produkte verwenden zu dürfen. Seither gab es auch eine englische Marke Daimler, beheimatet in Coventry.

Zu den ersten Hauptaktionären der Stuttgarter Firma zählten Max Duttenhofer, Inhaber einer von seinem Vater geerbten Pulvermühle in Rottweil, die im Krieg 1870-71 Hauptlieferant des deutschen Heeres gewesen war, sowie der Munitionshersteller Wilhelm Lorenz. Die Erfindung rauchfreien Schießpulvers (1884) hatte Duttenhofer ein Millionenvermögen eingebracht.

Nach dem Tode Gottlieb Daimlers am 6. März 1900 stellte Duttenhofer bei einer Prüfung der Bücher fest, dass Daimler Lizenzgebühren von der französischen Firma Panhard nicht an die DMG abgeführt hatte. Duttenhofer drohte der Familie mit einem Skandal und erwirkte einen Verzicht der Erben auf alle Ansprüche an der Führung des Unternehmens. Bis zu

seinem Tode im Jahre 1903 blieb Duttenhofer uneingeschränkter DMG-Chef.
Die vor allem durch Wilhelm Maybachs geniales Wirken so nachhaltig geprägte Ära Mercedes hatte Gottlieb Daimler nur ansatzweise noch erlebt. Er fühlte sich um sein Lebenswerk betrogen und schrieb 1899: »Ich habe, das Bedürfnis der Zeit ins Auge fassend, mit allen meinen früheren Erfahrungen alle Jahre hindurch gearbeitet, mit der nachpfuschenden Konkurrenz gekämpft, prozessiert und eine ganz neue Industrie geschaffen, nämlich jene der automobilen Kleinfahrzeuge, dem Verlangen der ganzen Welt folgend«. Der Automobilhistoriker Max J. B. Rauck – ihm verdankten das erste Daimler-Benz-Museum sowie die Einrichtung der Landverkehrsabteilung im Deutschen Museum München ihre Entstehung – hatte seine eigene Sichtweise auf jene Zeit. »Bei allem Respekt vor Daimlers Leistungen«, sagte Rauck, »hätten die unter seinem Namen gebauten Motorwagen eigentlich Maybach heißen müssen. Maybachs Beitrag zur Automobilgeschichte hat viel zu wenig Anerkennung gefunden«.

Daimlers Werkstatt um 1883, in der der von Wilhelm Maybach konstruierte Reitwagen entstand – als das erste Motorrad der Welt!

Gottlieb Daimler (ganz links), seine Schwägerin Marie Kurz, sein ältester Sohn Paul, sein zweiter Sohn Adolf, Daimlers Schwiegervater, der Apotheker Friedrich Kurz, der jüngste Sohn Wilhelm, Gottliebs Ehefrau Emma, die älteste Tochter Emma und schließlich die zweite Tochter Martha (Foto von 1885).

Erie & Sturges Elektromobl, gebaut 1897 in Los Angeles.

Oben: 1888 von Andreas Flocken in Coburg gebauter Elektrowagen; ein Foto von 1903.

Rechts: Carl Benz mit Frau und Kindern, 1890. Die Söhne bemühen sich sichtlich, nicht zur Kamera zu schauen.

Links: Peugeot 12 CV Zweizylinder Phaëton, 1900. Der Herr mit Zylinder ist der Firmenchef Armand Peugeot.

Unbekannter Motorwagen von etwa 1899-1900.

Die »Mother Shipton Soap« dürfte das erste Produkt gewesen sein, für das Werbung mit einem Motorwagen gemacht wurde: Das Fahrzeug ist ein in Dessau gebauter Lutzmann von 1896.

»Mein Traum ist, große Dampfloks zu bauen.
Automobile interessieren
mich nicht im Geringsten.«

Walter Owen Bentley, sechzehnjähriger Lehrling, 1904

Biografien berühmter Menschen zu lesen, kann langweilig sein, aber auch großes Vergnügen bereiten. In W.O. Bentleys Memoiren findet sich zum Beispiel folgende Aufzeichnung: »Das Automobil schien mir, als ich sechzehn war, eine höchst überflüssige Zeiterscheinung zu sein. Vielleicht hätte ich mir vorstellen sollen, welch ungeahnte Möglichkeiten in der Erfindung des Benzinmotors steckten – ich aber war ein unerfahrener Jüngling, als ich meine erste Autofahrt absolvierte. Den Wagen, dem ich mich anvertraut hatte, empfand ich als viel zu langsam, äußerst zugig, unzulänglich in seiner Leistung und auch unsozial. Durchfuhr er eine Pfütze, wurden die Fußgänger mit schmutzigem Wasser bespritzt. Pferde scheuten vor ihm, Hunde liefen böse kläffend hinterher. Wir vernahmen nichts als Verwünschungen, wurden von Passanten, Kutschern und Radfahrern beschimpft – oder bestenfalls verspottet. Ich war also keineswegs der einzige, der das Automobil als ein Übel empfand. Aber da ich aber nun einmal zu jenen gehörte, die sich an Bord dieses öffentlichen Ärgernisses befanden, trafen die Feindseligkeiten und der Hohn auch mich, und sie gingen mir verdammt nahe.

Jene Reise, die mich von London nach Inverness führte, fand in einer Art Omnibus statt. Man schrieb das Jahr 1904. Wir Passagiere saßen ungeschützt auf Holzbänken hinter dem Chauffeur; ein Verdeck gab es nicht. Es war mehr als ungemütlich. Der Wagen hatte Vollgummireifen und war knochenhart gefedert, und da sich die Straßen in jener Zeit in einem fürchterlichen Zustand befanden, erreichten wir unser Ziel in elender Verfassung, auf den Motorwagen schimpfend und gelobend, das nächste Mal mit der Eisenbahn zu fahren.

Mein Herz hatte ich damals sowieso längst an die Dampfmaschine verloren, und ich nahm mit Genugtuung zur Kenntnis, dass die Welt – aus meiner Sicht – voll von diesen eindrucksvoll fauchenden Ungetümen war. Wozu brauchte die Menschheit also das Automobil? Die Zukunft, davon war ich überzeugt, gehörte der Dampfbahn. Und nur wenige Wochen nach meinem ersten Erlebnis als Insasse eines Benzinmotorwagens werde ich von den Great Northern Locomotive Works in Doncaster als Lehrling engagiert. Ich sehe meinen schönsten Traum in Erfüllung gehen: große Lokomotiven zu bauen. Noch interessieren mich Automobile nicht im Geringsten.« Erst fünf Jahre später begann sich Bentley für das Auto zu begeistern.

Die Briten waren zwar die ersten, die Überland-Buslinien einrichteten, erst mit Pferdefuhrwerken, ab 1835 auch mit einigen Dampfwagen. Als 1861 jedoch ein Gesetz zur drastischen Einschränkung des Verkehrs mit solchen Fahrzeugen auf öffentlichen Straßen erlassen wurde, verschwanden die Dampfomnibusse. Dazu beigetragen hatten mehr als 8000 Mautstationen (verwaltet vom staatlichen Turnpike Trust), die es auf Landstraßen sowie an Brücken in England gab, wobei die Tarife teils so hoch waren,

Landpartie, Sommer 1905 in England. Ein komfortables Vergnügen war es sicher nicht, und den Gentlemen hat man nur wünschen dürfen, dass ihr Chauffeur keine abrupten Bremsmanöver auszuführen gezwungen war.

dass den Omnibuspassagieren der Spaß am Reisen verging. Auch die eingeführten Geschwindigkeitsbegrenzungen brachten den noch jungen Linienbusverkehr zu Erliegen. Die Dampfbusse waren in der Ebene bis zu 50 km/h schnell gewesen, doch nach dem neuen »Locomotive on Highways Act« durften sie nicht schneller unterwegs sein als ein Pferde-Frachtfuhrwerk, nicht zuletzt wegen des Lärms und der starken Staubentwicklung. Makadam-asphaltiert waren die wenigsten Country Roads.

Erst Ende 1896 erleichterten Gesetzesänderungen wieder die Einrichtung von Busverbindungen zwischen einzelnen Städten. Zunehmend wurden sie auch mit Benzinmotorwagen betrieben. Sogar einige Eisenbahngesellschaften traten auf den Plan und engagierten sich in diesem Geschäft, um es nicht unliebsamen Konkurrenten zu überlassen, und in den Städten waren es die kommunalen Operateure von Pferdetrambahnen, von denen die Zeichen der Zeit erkannt und Motorbuslinien eingerichtet wurden. Sie fanden schneller Akzeptanz, als das konservative Bürgertum und auch der Lokomotivenbaulehrling Bentley es sich hatte vorstellen können.

Die Lebenserinnerungen Walter Owen Bentleys erschienen als Buch im Herbst 1958 beim Verlag Hutchinson in London. Etwas zu früh vielleicht, denn der Autor, Jahrgang 1888, verstarb erst dreizehn Jahre später.

National Steam Bus der Self Acting Omnibus Company, London, 1907.

Eigenbau-Dampfmobil mit einer zweisitzigen »Karosserie« aus Weidengeflecht, 1903.

Nichts blieb unversucht. Warum nicht ein Motorrad mit Dampfmaschine bauen? (1924)

Das Fräulein Braut auf der Fahrt zur Kirche im Dampf-Tricycle. (1892)

Rechts: 1894 in Schweden gebauter Cederholm Dampfwagen. Schon 1880 hatten Anders Cederhom und sein Bruder Jöns einen Dampfwagen mit Einzylindermaschine und starren Achsen gebaut. Es war das erste in Schweden entstandene Straßen-Motorfahrzeug gewesen.

Dampftransporter der Polizei in Omaha, Nebraska (USA), 1909.

2

Nie ist dem Ingeniör etwas zu schwör

– lässt man ihn nur gewähren …

Willys Model 66 von 1925, dessen Sechszylinder-Knight-Motor mit Ausgleichswellen als Schwingungsdämpfer versehen war – eine Erfindung des Briten Dr. Frederick Lanchester, patentiert 1904. Exklusivität konnte die Firma Willys keineswegs beanspruchen.

Von einer »Sitzkiste« sprechen Autodesigner noch heute, wenn sie im Studio die Interieur-Dimensionen für ein neues Modell bestimmen (1913).

Elwood Haynes in seinem ersten Motorwagen mit einem Einzylinder-Bootsmotor, 1894. Haynes war Richter und Bankier, bevor er sich mit Edgar und Elmer Apperson in Kokomo, Indiana (USA), Experimenten mit Motoren zuwendete. 1898 gründete er mit den Apperson Brothers die Haynes-Apperson Automobile Company, die bis 1904 bestand.

In Coventry gebauter Daimler in der Ausführung als Wagonette, 1897. Das Foto entstand mit Hotelgästen anlässlich eines Ausflugs in Irland.

Charles S. Rolls am Lenkrad eines Rolls-Royce 30 HP (Sechszylinder, 6177 ccm) von 1906, Vorläufer des legendären Silver Ghost.

Rechts: 1912 von Janos Csonka in Budapest gebauter Kleinwagen. Csonka hatte den ersten Verbrennungsmotor Ungarns gebaut und 1880 zum Laufen gebracht.

Links: Um 1900 in Trenton, New Jersey (USA) entstandenes Foto mit einem Motorwagen unbekannten Fabrikats.

Unten: Ford Model T von 1908. Als Besonderheit weist das Auto einen Druckluft-Anlasser auf, den der Zubehörhandel anbot.

»Die Demonstration war ein voller Erfolg, was auf die Vertrautheit Seiner Kaiserlichen Hoheit mit dem Fahrrad zurückzuführen sein dürfte …«

Bericht des Österreichischen Automobilclubs, 1898

Der am 6. Februar 1898 gegründete Österreichische Automobil-Club gab in seinen Mitteilungen Nr. 16 des gleichen Jahres den sehr verehrten Mitgliedern einen wichtigen Sachverhalt zur Kenntnis: »Es ist gewiss ein ebenso symptomatisches als für die Entwicklung des Automobilismus ehrenvolles Merkmal, dass ein Mitglied unseres Kaiserhauses, Seine durchlauchtigste Hoheit Erzherzog Franz Salvator, in die Reihe der praktischen Automobilisten getreten ist. Nach der Demonstration zweier Daimler-Wagen durch die Herren Eduard Bierenz und Dr. Eduard Suchanek zeigte Seine Kaiserliche Hoheit bei den Fahrversuchen die ganz seltene Eignung, indem er bald in der Lage war, mit der sogenannten dritten Geschwindigkeit von 15 km/h auf dem Kiesweg des Schlossparkes selbst zu steuern, was wohl auf die besondere Vertrautheit Seiner Kaiserlichen Hoheit mit dem Fahrrad zurückzuführen sein dürfte. Die Vorführung war ein voller Erfolg und endete mit der Bestellung eines 8 PS Daimler-Wagens.«

Diese Schilderung gab neben vielen weiteren aus der Frühmotorisierung Österreichs Dr. Hans Seper wieder, langjähriger Kurator des Technischen Museums zu Wien und Kenner der Automobilgeschichte par excellence.

Zwei renommierte Automobilhersteller existierten 1898 in Österreich-Ungarn: Die Hofwagenfabrik Ludwig Lohner, wo sich Ferdinand Porsches Start in die Motorwagenbranche mit einem Elektromobil vollzog, und die Nesselsdorfer Wagenbau-Fabriks-Gesellschaft, nachmals Tatra, wo Porsches späterer Gegenspieler Hanns Ledwinka als Konstrukteur tätig war. Beide Unternehmen vertraten die Motorwagenindustrie als Exponenten der ebenfalls 1898 eröffneten ersten Kollektivausstellung der österreichischen Automobilbauer, auf der das Publikum immerhin vier Fahrzeuge besichtigen durfte, den später ob seines Entstehungsdatums umstrittenen Siegfried-Marcus-Wagen einbegriffen.

Es hätten mehr Exponate sein können, wären auch Marken aus dem Ausland wie das vom Erzherzog Franz Salvator favorisierte Fabrikat Daimler aus Württemberg zugelassen worden. Noch existierte die illustre Marke Austro-Daimler nicht; die wurde erst 1899 in Wiener-Neustadt gegründet.

Der vollständige Name des für seine »seltene Eignung« so gelobten Habsburger Radfahrers lautete eigentlich Franz Salvator Maria Joseph Ferdinand Karl Leopold Anton von Padua Johann Baptist Januarius Aloys Gonzaga Rainer Benedikt Bernhard. Seine Gattin Marie Valerie, die jüngste Tochter des Kaisers Franz-Joseph I., gebar ihm nicht ganz so viele Kinder wie er Vornamen hatte, nämlich nur zehn. Vier von ihnen waren zugegen, als der Herr Papa durch den Schlosspark knatterte; ihre anderen sechs hatten das Scheinwerferlicht der automobilen Welt noch nicht erblickt.

Einer der Nachkommen des für seinen zweizipfeligen Backenbart bewunderten Austro-Kaisers war der 1858 geborene Kronprinz Rudolf, nach dessen Tod

1889 (er war freiwillig aus dem Leben geschieden) und des Kaiserbruders Erzherzog Karl Ludwig 1896 das Recht auf die Thronfolge auf dessen ältesten Sohn und Franz Josephs Neffen Erzherzog Franz Ferdinand übergegangen wäre.

Langweiliger Geschichtsunterricht? Keineswegs, wenn man in Betracht zieht, dass der Erzherzog und seine – beim Kaiser nicht sonderlich beliebte – Gemahlin, die böhmische Gräfin Sophie geborene Chotek, am Vormittag des 28. Juni 1914 in Sarajevo jenem unter chaotischen Umständen verübten Attentat zum Opfer fielen, das den Ausbruch des Ersten Weltkrieges zur Folge hatte. Das von ihnen benutzte Auto war ein Gräf & Stift 28/32 PS; das von Einschüssen gezeichnete Phaëton ist heute im Heeresgeschichtlichen Museum in Wien ausgestellt.

der erste Frontantriebswagen der Welt ein wenig früher fertig geworden, hätte er die oben erwähnte Kollektivausstellung um ein fünftes Exponat und mit diesem um einen weiteren Meilenstein der Automobilgeschichte bereichert.

Am 19. Oktober 1908 suchte die Firma Gräf & Stift bei der k.u.k. niederösterreichischen Statthalterei um Verleihung der Auszeichnung nach Paragraph 56 der Gewerbeordnung an, den Kaiserlichen Adler »im Schilde und im Siegel« führen zu dürfen. Dem Ansuchen wurde stattgegeben.

1936/37 wurde sogar ein Modell mit V12-Motor entwickelt. Zu einer Produktion kam es nicht mehr: Mit der Angliederung Österreichs an das Deutsche Reich endete die Herstellung von Personenwagen mit Ausnahme einiger Ford-Lizenzfahrzeuge.

Letzte Aufnahmen von Erzherzog Franz Ferdinand von Österreich vor dem Attentat am 28. Juni 1914 in Sarajevo. Das von ihm und seiner Gemahlin benutzte Auto war ein Gräf & Stift 28/32 PS; das von Einschüssen gezeichnete Phaëton ist heute im Heeresgeschichtlichen Museum in Wien ausgestellt.

Den ersten bei der Fahrradmanufaktur Gräf im Jahre 1899 gebauten Serienwagen hatte der Ingenieur Josef Kainz konstruiert, eine Voiturette mit Kardanwelle für den Antrieb der Vorderräder. Am 30. November 1900 wurde die »besondere Antriebsvorrichtung der gelenkten Vorderräder« patentiert. Wäre

> »Ihre Konstruktion ist der blanke Unsinn
> und hat sich als
> völlig untauglich erwiesen ...«
>
> Emil Jellinek-Mercedes, Konsul und Daimler-Agent in Nizza, 1906

Der Österreicher Emil Jellinek war der Vater jenes jungen Mädchens namens Mercedes, nach welchem im Jahre 1900 ein Automobil benannt wurde. Ein für damalige Verhältnisse geradezu epochales und mit 35 PS auch stark motorisiertes. Und da es nicht nur für den in der Riviera-Metropole Nizza residierenden Konsul Jellinek, sondern für die Herstellerfirma Daimler in Stuttgart ein berühmtes Auto wurde, das obendrein im Rennsport für Aufsehen sorgte, war es eine gute Idee, auch sämtliche dem 35 PS-Wagen nachfolgenden Modelle Mercedes zu nennen. Der Herr Konsul fügte einen der vier Vornamen seiner Tochter Adrienne Manuela Ramona Mercedes (letzterer steht im Spanischen für die »Gnadenreiche«) später sogar seinem Familiennamen hinzu.

> »... in der Geschwindigkeit sehe ich den eigentlichen Sinn eines Motorfahrzeugs!«
>
> *Jellinek an Maybach*

Bruder Guy der dunkelhaarigen Namensgeberin schrieb eines Tages die Familiengeschichte der Jellineks nieder. Im Klappentext zu seinem 1961 erschienenen Buch heißt es: »Der Fürst von Sanderhausen sei ein Esel – für solche äußerst undiplomatischen, ja skandalösen Äußerungen wie diese war Konsul Emil Jellinek bekannt ...«

Gleichwohl wurde der undiplomatische Grobian zu Empfängen an den Höfen Europas eingeladen. Seiner Familie indes missfiel Emils oftmals beleidigendes Verhalten, doch da der Patriarch ein erfolgreicher Geschäftsmann war, verzieh sie ihm seine verbalen Unarten. Aus Jellineks Korrespondenz lässt sich entnehmen, dass der Herr Konsul und Daimler-Automobilimporteur sich deutlich auszudrücken verstand.

Da er sich an der Riviera auch an Motorbootrennen beteiligte, hießen Jellineks Boote selbstverständlich ebenfalls »Mercedes«, jeweils mit einem Kürzel als Zusatz. Waren sie nicht schnell genug, hagelte es Vorwürfe an die Werft wie im Falle von 1906 in einem Brief an den Schiffskonstrukteur Decout-Lacourt:

»Die Konstruktion Ihres Bootes ist der blanke Unsinn und hat sich als völlig untauglich erwiesen. Auf dem Papier lassen sich ja leicht erstklassige Berechnungen anstellen, aber sie sollten sich in der Praxis dann auch als richtig erweisen! Es wäre für uns beide besser gewesen, sich nicht auf Experimente einzulassen. Hier sind soeben die besten Bootsbauer aus Frankreich und England anwesend, und alle haben mir einhellig bestätigt, dass die Konstruktion Ihres Bootes ein Fiasko ist. Ich werde die Maschine ausbauen lassen und versuchen, den Rumpf noch als Schrott zu verkaufen ...«

Jellinek veräußerte die von ihm als Walfisch und Zirkusclown verspottete »Mercedes WN« (einschließlich 200-PS-Sechszylindermotor, eine Schöpfung Wilhelm Maybachs) und auch ein zweites mit Namen »Mercedes DL«, das ihn ebenfalls enttäuscht hatte. Doch zu Jellineks bitteren Überraschung kam kurze

Zeit später »Mercedes WN« doch noch zu hohen Ehren, mit einem Monsieur Marc Legrand am Steuer: Er gewann die Prestige-Regatta Nizza-Toulon-Nizza gegen harte Konkurrenz in Rekordzeit, mit einem Schnitt von mehr 33 km/h. Seine Exzellenz der Konsul Jellinek was not amused, sein abfälliges Urteil widerlegt zu sehen.

In seiner Korrespondenz mit dem Mercedes-Konstrukteur Wilhelm Maybach befleißigte sich der streitbare Konsul eines gemäßigteren Tons. Einen unfreundlichen Federkrieg führte mil Jellinek auch mit Ferdinand Porsche, als dieser in Diensten Austro-Daimlers stand.

Jellinek wusste seinen Ansichten und Erwartungen stets klar und deutlich Ausdruck zu verleihen, wie etwa 1899 im Katalog seiner Forderungen nach einem schnellen Auto, mit welchem er die mediterrane Motorszene aufzumischen gedachte: »In der

Soweit bekannt, hatte die berühmt gewordene Namensgeberin Adrienne Ramona Manuela Mercedes Jellinek die Leidenschaft für das Automobil von ihrem Vater nicht geerbt. Dieses gestellte Foto zeigt sie am Lenkrad eines Daimler-Wagens.

Geschwindigkeit sehe ich keinen Anreiz, unvorsichtig zu sein, sondern vielmehr den eigentlichen Sinn eines Motorfahrzeugs … Wenn ich aus einem Automobil nicht mehr heraushole als aus einem Gespann, kann ich ebenso gut wieder mit Pferden fahren!«

Der Konsul in Nizza war sich bewusst, dass er großen Anteil am Erfolg des Fabrikats Daimler hatte: »Bevor ich erschien, waren die Daimlerwagen zwar solid, gebrauchsfähig und betriebssicher, aber bloß theoretische Wagen«, wird Jellinek zitiert. Schon bald sollte die nächste Generation der »theoretischen Wagen« ihre Überlegenheit in der Praxis beweisen.

»Die kürzeste Verbindung von A nach B ist nicht immer eine gerade Linie. Oft genug verläuft sie im Zickzack.«

Louis Renault, Créateur de l'automobile, 1935

Wir verbinden den Namen Renault mit einem französischen Autofabrikat, das für so signifikante Modelle wie Dauphine, Espace oder Twingo steht, um nur einige zu nennen, die jedem Renault-Fan spontan einfallen. Doch über den Mann, der diesen und unzähligen weiteren Meisterwerken französischer Automobilbaukunst den Namen gab, wissen Renault-Fahrer wenig oder gar nichts. So auch wohl nicht, dass er manchen Erfolg seinen Intuitionen (vulgo »Bauchgefühl«) verdankte, nicht allein technischen Konzepten oder kaufmännischem Kalkül.

Louis Renault, geboren 1877, war Empiriker, Genie und Visionär. Allerdings kein Phantast. Seine Brüder Marcel und Fernand teilten sich seine Leidenschaft für den Motorwagen, Marcel als Teilnehmer am Straßenrennen von Paris nach Madrid wurde sie 1903 zum tödlichen Verhängnis.

Kolportiert wurde eine typische Reaktion Louis Renaults auf einen Vorschlag seines Chefkonstrukteurs und Universalgenies Pommier, den er mit der Renovierung einer Scheune auf Renaults Bauernhof (den er mit der gleichen Leidenschaft bewirtschaftete wie er seine Automobilfabrik führte) beauftragt hatte. Pommier sollte für eine Dacherneuerung der 80 Meter langen Scheune ein Stahlgerüst bauen lassen. »Ich werde unsere Konstruktionsabteilung um das Anfertigen einer Zeichnung und um alle Berechnungen bitten, Monsieur Renault«, sagte er. Doch sein Chef widersprach ihm: »Das werden Sie nicht. Sie sind ein begabter Ingenieur, als solchen habe ich Sie schließlich eingestellt. Führen Sie die Berechnungen bitte selbst durch. Im übrigen schätze ich, der Hauptträger des Dachgerüstes müsste 25 mal 45 Zentimeter stark sein«.

Monsieur Pommier machte sich an die Arbeit und kam nach gründlichen Berechnungen der Dachlast und der Beschaffenheit des zu wählenden Doppel-T-Trägers zu seiner Verblüffung exakt auf Renaults Schätzung.

So verhielt es sich in vielen Fällen. Louis Renault kannte das Resultat mancher Ausarbeitungen seiner Konstrukteure lange im Voraus – »weil ich bis zu Ende denken kann«. Es käme immer auf die letzten 15 Minuten einer Arbeitsstunde an, sagte er einmal. »Im letzten Viertel einer vollen Stunde entscheidet es sich, ob die Arbeit zum Erfolg führt oder ein Fehlschlag wird. Aber man muss auch wissen, wo man aufzuhören hat. Nicht jedes Ziel ist erstrebenswert, auch lassen sich nicht alle Schwierigkeiten auf dem Weg zu einem Ziel voraussehen. Woher sollen wir wissen, wenn wir von Paris nach Toulouse aufbrechen, was unterwegs geschehen wird?«. Und: »Glauben Sie nicht, die kürzeste Verbindung von A nach B sei eine gerade Linie. Oft genug verläuft sie im Zickzack.«

»Woher sollen wir wissen, wenn wir von Paris nach Toulouse aufbrechen, was unterwegs geschehen wird?«

Haupteinfahrt zur Fabrik der Renault Frères in Paris-Billancourt, 1905. Ab 1908 gehörte das Unternehmen Louis Renault ganz allein, nachdem er seine Brüder Marcel und Fernand ausbezahlt hatte.

Louis Renault realisierte schon 1899 an seinen ersten Autos zahlreiche innovative Ideen (Lenkrad- statt der bisher üblichen Hebelsteuerung, Kardanantrieb, direkter oberster Getriebegang), für die er eine Anzahl von Patenten zuerkannt bekam; allein bis 1904 waren es bereits 74. Er leitete das sich erfolgreich entwickelnde Unternehmen bis 1944, das ab 1908 ihm allein gehörte, nachdem er die Anteile seiner Brüder Fernand und Marcel übernommen hatte. Doch nicht vor 1929 führte Renault nach Ford-Vorbild die Fließbandproduktion ein.

Als die Wehrmacht 1940 Paris besetzte, wurde Louis Renault vor die Wahl gestellt, entweder Panzer der Deutschen zu reparieren oder die Zerstörung der Fabrikanlagen hinzunehmen. Renault entschied sich für die Rettung des von ihm aufgebauten Lebenswerkes, weshalb er nach dem Einmarsch alliierter Truppen 1944 in Paris der Kollaboration bezichtigt und verhaftet wurde. Nicht zuletzt hatte er aus Patriotismus gehandelt, um eines der größten Industrieunernehmen des Landes vor der Vernichtung zu bewahren.

Louis Renault starb acht Wochen später im Gefängnis. Seine Fabriken fielen der Verstaatlichung anheim und bekamen den Namen Régie Nationale des Usines Renault. Unter Pierre Lefaucheux erfuhr das Unternehmen eine immense Expansion. Er verstand es, sich mit den kommunistisch gelenkten Gewerkschaften zu arrangieren und die Firma zu jener weltweiten Bedeutung zu führen, wie sie ihrem Gründer vorgeschwebt hatte.

Links: Bugatti Typ 40 mit 1,5-Liter-Vierzylindermotor. Von diesem Modell sind von 1926 bis 1930 etwa 900 Stück hergestellt worden.

Oben: Dreisitziges Renault 10 CV Cabriolet, 1925.

Unten: Citroën 2 CV von 1948 (ein »Regenschirm auf Rädern«).

Volks-Wagen à la française: »La deuche« Citroën 2 CV und ihre Fourgonette-Variante setzten im Straßenbild Frankreichs jahrzehntelang sympathische Akzente. Den Spitznamen »Ente« führte das Auto nur in Deutschland; »Zweipferder« hieß es in der Schweiz.

Ford Vedette 1952: »Excusez, Monsieur, das vordere Kennzeichen Ihres Wagens ist nicht korrekt befestigt!«

Unten: Diesem 1959er Simca wurde Glatteis in einer Kurve zum Verhängnis ...

Oben: Etwas lädierter Peugeot 402 von 1939/40 mit Treibgasanlage (Vierzylinder, 2142 ccm, 63 PS).

Links: Hier hat es einen Unfall gegeben. Unter polizeilicher Aufsicht wird in Amsterdam ein 1949/50er Citroën 11 CV (Vierzylinder, 1911 ccm, 46 PS) abgeschleppt.

3

Wo sind sie, die Grenzen der Physik?

Und es bewegt sich doch!

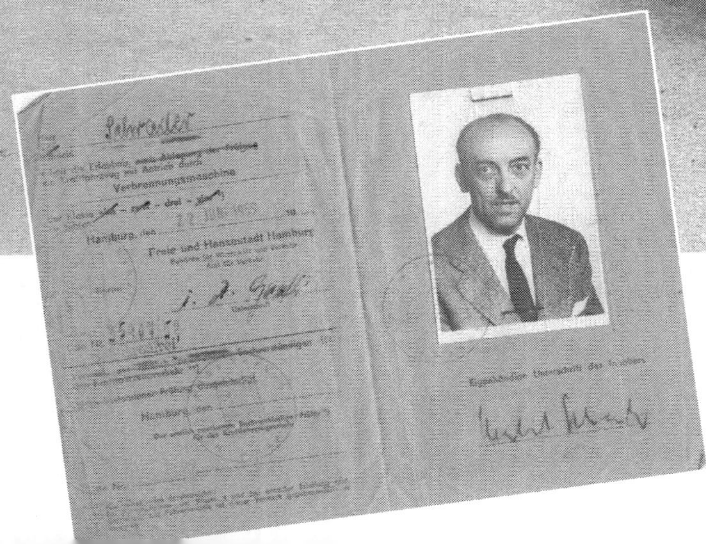

Ein Hersteller in Paris bot 1920 einen einsitzigen Dreiradwagen unter der Bezeichnung Monocar an; das primitive Fahrzeug hatte einen Elektromotor unter dem Sitz.

Monowheel von 1934. Ob die Dame am Lenkrad nur für den Fotografen posiert oder mit dem Riesenrad wirklich unterwegs war, ist nicht überliefert.

Eine andere Einradkonstruktion, Baujahr 1936. Mit dem rechten Fuß stützt sich der Fahrer ab, was deutlich macht, dass es ein Standfoto ist.

»Das elektrische Tricycle erreichte die beachtliche Geschwindigkeit einer Pferdekutsche!«

Alexis Clerc, französischer Autor, 1883

Die Diskussion um die Frage, wer das erste brauchbare Straßenfahrzeug mit elektrischem Antrieb auf die Räder gestellt hat, wird seit Jahrzehnten geführt. Voraussetzung für einen netzunabhängigen Betrieb war die Erfindung der elektrischen Batterie durch Alessandro Volta (1745–1827) im Jahr 1800 und des Gleichstrommotors durch Joseph Henry um 1830. Der Amerikaner Thomas Davenport (1802–1851) baute Anfang 1834 das erste Elektro(schienen)fahrzeug mit einer nicht wiederaufladbaren Batterie; es war ein Modell von 45 Zentimeter Länge. Gaston Planté (1834–1889) erfand 1859 den wieder aufladbaren Blei-Akkumulator, der 1881 von Camille Favre weiterentwickelt wurde. 1882 folgte der Serbe Nikola Tesla (1856–1943) mit dem Wechselstrommotor.

Um sein Dreirad zu motorisieren, besorgte sich Gustave Trouvé ein kleines Stromaggregat bei der Pariser Siemens-Filiale.

Zu den Pionieren der frühen Elektromobilität zählt Werner Siemens (1816–1892). Der war nicht nur ein erfindungsreicher Geist, sondern auch ein erfolgreicher Unternehmer. Mit Johann Georg Halske gründete er im Oktober 1847 die Telegraphen Bau-Anstalt von Siemens & Halske; die Firma entwickelte sich innerhalb weniger Jahrzehnte von einer kleinen Werkstatt, die neben Telegraphen auch Läutwerke für Bahnübergänge, Drahtisolierungen und Wassermesser herstellte, zu einem der weltweit größten Elektrounternehmen. Elektroaggregate (später auch Verbrennungsmotoren) aller Größen und für viele Anwendungsgebiete folgten. 1879 baute man bei Siemens in Berlin die erste elektrische Lokomotive und installierte die erste elektrische Straßenbeleuchtung, 1882 folgte die erste elektrische Straßenbahn. 1882 wurde bei Siemens & Halske auch ein elektrisch angetriebener und als Electromote bezeichneter Oberleitungswagen gebaut. Erprobt wurde er auf einer 540 Meter langen Versuchsstrecke in Halensee westlich von bei Berlin ab Ende April 1882. Den Namen Electromote hatte sich Werner Siemens ausgedacht.

Der Strom wurde von der zweipoligen Oberleitung durch einen Trolley genannten Kontaktschlitten entnommen, der auf den oberhalb der Strecke gespannten Fahrleitungsdrähten fuhr. Durch ein biegsames Kabel wurde der Kontaktschlitten mit seinen acht kleinen Rädern vom Fahrzeug auf der Oberleitung nachgezogen. Dieser elektrisch betriebene Elektro-Kutschenwagen gilt mit seinen Merkmalen als der erste Straßen-Oberleitungsomnibus der Welt.

Die Firma Siemens & Halske war schon früh im Ausland vertreten, vor allem in Russland und England. 1878 war unter der Bezeichnung Siemens Frères auch in Paris eine Niederlassung gegründet worden, und von dieser Repräsentanz bezog ein Technikus namens Gustave Trouvé (1839–1902) im Sommer 1881 einen kleinen Elektromotor, um damit ein Velociped zu mobilisieren. Vermutlich hat der damals 42 Jahre alte Ingenieur den Kontakt zu Siemens kurz vor der Pariser Elektrizitätsausstellung geknüpft, die am 15. August jenes Jahres eröffnet wurde. Für großes Aufsehen sorgte dort eine von Siemens & Halske installierte elektrische Bahn, die von der Place de la Concorde zum Ausstellungsgelände an den Champs Elysées führte – es war die erste Oberleitungs-Trambahn der Welt, wie auch das zeitgleich gezeigte Trouvés Elektro-Dreirad als das erste E-Mobil der Welt gelten darf. Weitere Highlights der Exposition Internationale de l'Electricité waren Alexander Graham Bells Fernsprecher, Thomas Alva Edisons Glühbirnen, diverse Blitzarbeiter. Unter den Ausstellern war auch der Erfinder Gustave Trouvé mit seinem Elektro-Veloziped, einem Mikrophon sowie einem elektrischen Außenbordmotor für ein Boot, das den etwas merkwürdigen Namen »Téléphone« trug.

Das dem von Gustave Trouvé 1881 gebauten Elektro-Tricycle nachempfundene Dreirad von Ayrton und Perry.

Gustave Trouvé war in La Haye-Descartes (Dept. Indre-et-Loire) aufgewachsen. Seine Eltern schickten ihn auf ein Internat in Chinon an der Loire; später studierte er an der Ecole des Arts et Métiers in Paris. Danach begann er für eine Pariser Uhrenfabrik zu arbeiten und machte eine Reihe von Erfindungen.

Das von ihm 1881 gezeigte Elektromobil war aus einem englischen Starley-Fahrrad entstanden. Nach Art späterer Motorrad-Seitenwagen versah er das Veloziped linksseitig mit einem Ausleger und einem daran befestigten dritten Rad. Der von ihm modifizierte Siemens-Motor von weniger als 0,1 kW Leistung mit einem Gewicht von ca. 5 kg war unter der Achse des dritten Rades eingebaut, das die gleiche Größe wie das andere Hinterrad hatte und über eine Kette angetrieben wurde. Eine große, aus sechs Zellen bestehende, aufladbare 12-Volt-Batterie hatte ihren Platz in einem Kasten, hinter dem Sitz des Fahrers in der Fahrzeugmitte montiert. Am Griff des Bremshebels, rechts im Handbereich des Fahrers, befand sich ein Schalter, mit dem sich, wollte man anhalten, die Stromzufuhr zum Motor unterbrechen und wieder herstellen ließ.

So beschrieb der Autor Alexis Clerc das Tricycle in seinem 1883 erschienenen Buch *Physique et Chimie populaires*: »Der Motor wurde von sechs Sekundärelementen oder Akkumulatoren des Planté-Typs angetrieben, er war perfekt konstruiert. Das Gesamt- gewicht des Fahrzeugs inklusive Batterien, Motor und Fahrer betrug 160 kg und die effektive Leistung 70 Newtonmeter pro Sekunde. Das Dreirad setzte sich aus eigener Kraft in Bewegung, sobald der Stromkreis geschlossen wurde und befuhr wiederholt die Rue de Valois in beiden Richtungen mit der beachtlichen Geschwindigkeit einer Pferdekutsche. Das Experiment war überzeugend.«

1881 wurden übrigens die Einheiten Volt, Ohm und Ampère definiert und als international verbindliche Werte für Spannung, Widerstand und Stromstärke festgelegt.

»Ich wünschte, ich könnte meine Lebenszeit verdoppeln, um zu sehen, welche Wunder noch vor unserer Tür warten!«

Charles Holland Duell, US-Patentamtsdirektor, 1902

Ein Mann, der es in Ausübung seines Berufes eigentlich hätte besser wissen müssen, soll im Jahre 1902 vor einem Kongress amerikanischer Wissenschaftler geäußert haben: »Alles, was überhaupt nur erfunden werden kann, ist bereits erfunden worden; nach meiner Pensionierung kann das Amt schließen«.

So hat es ein Sekretär namens Samuel Sassl vom Direktor des US-amerikanischen Patentamts kolportiert. Rechercheure sind später dem angeblich verbürgten Ausspruch nachgegangen, weil sie es nicht glauben wollten, dass ein gescheiter Mann wie Charles Holland Duell so etwas gesagt haben könnte. Sie ermittelten dann auch, dass Duell seine Ansicht ein wenig anders formuliert hatte, nämlich: »Meiner Meinung nach sind sämtliche in der Vergangenheit gemachten Erfindungen unbedeutend im Hinblick auf die, welche wir in der Gegenwart zu verzeichnen haben... Ich wünschte, ich könnte meine Lebenszeit verdoppeln, um zu sehen, welche weiteren Wunder noch vor unserer Tür warten ...«

Duell, geboren 1850, stand dem Patentamt in Washington von 1898 bis 1901 vor und wurde anschließend zum Richter am Bundesgerichtshof ernannt. In seiner Amtszeit dürfte er auch mit seinem Kollegen George Baldwin Selden, Patentanwalt in Rochester zu tun gehabt haben. Der Advokat Selden war nicht nur ein erfolgreicher Jurist, sondern fühlte sich zum Erfinder berufen. Er hatte 1870 Europa bereist und einige der dort verkehrenden Dampfwagen kennen Er fertigte Zeichnungen von solchen Fahrzeugen an und beschäftigte sich 1873–1875 auch mit Gasmotoren. Den atmosphärischen Motor von Nikolaus August Otto und Eugen Langen hatte er in Europa ebenfalls gesehen.

Am 8. Mai 1879 meldete Selden unter seinem Namen ein Patent auf »durch Motorkraft bewegte Straßenfahrzeuge« an, das er unter Anwendung seiner juristischen Kenntnisse als Patentanwalt so unpräzise wie möglich, gleichwohl langatmig formulierte, dass es jeden Versuch, eine Kraftfahrzeug- fertigung ohne Seldens Plazet aufzubauen, unterbinden konnte.

Seldens Schutzanspruch bezog sich auf eine Erfindung, bei der »die Verbindung von einem Wagen an der Rumpfmaschine und Steuerrad mit Hebelmechanismus für die Fortbewegung und dem Motor selbst« das Kernstück darstellte. Den Beweis für die Funktionstüchtigkeit der von ihm angeblich »konstruierten« Straßenlokomotive mit Verbrennungsaggregat blieb Selden schuldig.

Dieses Patent sollte Selden und seinem Partner George Day Lizenzgebühren sogar für sämtliche je gebauten »Straßenlokomotiven« sichern. Die Patentschrift beinhaltete indessen nichts, was nicht schon seit Beginn des Dampfwagen-Zeitalters verwirklicht worden war, doch niemand hatte vorher den kühnen Gedanken gehabt, sich den Dampfkraftwagen als Gesamt-Konstrukt patentieren zu lassen.

1895 ließ sich Selden ferner ein so genanntes Kombinationspatent erteilen, das denselben Inhalt wie das erste Patent aufwies, jedoch dem jüngsten Stand der Technik angeglichen war. Die Folge dieser Patenterteilung war der Zusammenschluss von Lizenznehmern zu einer von Selden gegründeten Association of Licensed Automobile Importers (ALAM), deren Mitglieder an ihn Gebühren abführen mussten; zugleich verhinderte Selden durch hohe Beiträge, die er auf eingeführte Fahrzeuge zu erheben befugt war, den Import von Automobilen zugunsten der Mitglieder dieser illustren Gruppe. Daraufhin traten auch einige Franzosen dem Syndikat bei. Wer Aufnahme finden wollte, musste ein Firmen-Mindestkapital von 300.000 Dollar nachweisen können; dadurch gedachte Selden Konkurrenz von Seiten kleiner Hersteller auszuschalten. Gleichwohl wuchs die Zahl derer, die Seldens fragwürdigen Anspruch ignorierten, aber erst durch ein Urteil vom 12. November 1912 wurde Seldens Anspruch entkräftet. Das eintäglichste Geschäft hatte Selden bereits abgewickelt, als er 1899 sein Patent einer von Albert A. Pope geführten Finanzgruppe verkaufte, zu der u.a. die Electric Vehicle Co. in Hartford, Connecticut, zählte, die dann ihrerseits die amerikanischen Autoproduzenten abkassierte.

Die große Abzocke des cleveren Mr. Selden

1903 gründete Henry Ford mit Marmon, Maxwell-Briscoe, Reo und anderen Firmen die American Motor Car Manufacturers Association als Gegenpol zur ALAM und focht einen Musterprozess gegen Selden durch, den dieser verlor.

Sofern Duell und Selden je einander persönlich begegnet sind, wofür es keine Belege gibt, dürften sie nach den Gepflogenheiten cleverer US-Advokaten brillante Auseinandersetzungen geführt haben.

In der Geschichte des Selbstbewegers hat es einige weitere Personen gegeben, die dessen »Erfindung« für sich reklamierten oder die ihnen zugeschrieben wurde; versäumte oder vereitelte Patentanmeldungen könnten eine Rolle dabei gespielt haben …

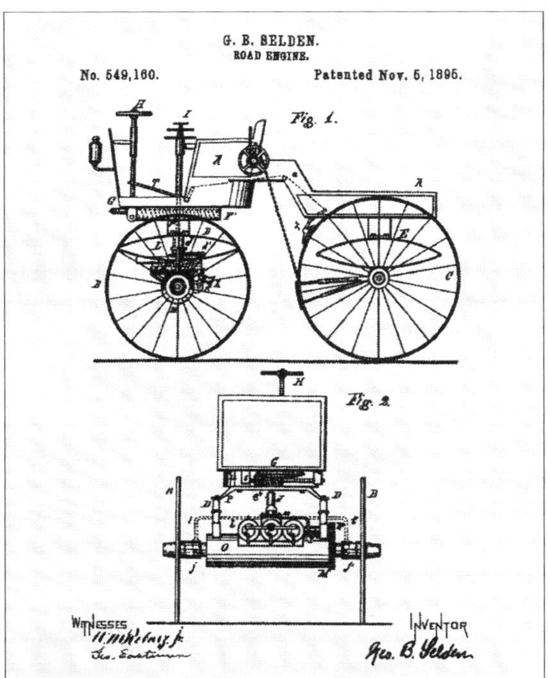

Links: Seldens Patentschrift beinhaltet nichts, was nicht schon seit Beginn des Dampfwagen-Zeitalters verwirklicht worden war.

Oben: George Selden am Lenker seines Motorwagens, den er sich als Gesamtkonstrukt patentieren ließ, um die Konkurrenz abkassieren zu können.

Ganz oben: Batteriewechsel an einem Siemens Elektrotaxi, 1907. Darunter: Ladestation, 1903.

Rechts: Versuchsweise gebauter Elektrolieferwagen, England 1951.

Ein Indian Motorrad von 1914 als Antrieb für eine Draisine. Der fixierte Lenker dient nur zum Festhalten und für die üblichen Bedienungsorgane.

1964 in Paris erspähter Alternativmobilist; sein Bike erinnert an fernöstliche Rikshas.

Hubraum ist alles! Kühner Versuch, ein Bike mit einem 1,5 Liter-Einzylinder zu motorisieren (1920).

»Eine schönere Begleitmusik als den Klang unseres Motors kann sich niemand für die Fahrt ins Jenseits wünschen!«

Nobby Clarke, Bentley Boy, 1919

Unter bescheidenen Umständen vollzog sich die Geburt der Marke Bentley, wie der Firmengründer 1958 in seinen Lebenserinnerungen festhielt: »Mit meinen Freunden Harry Varley und Frederick Burgess setzte ich mich am 20. Januar des Jahres 1919 im fünften Stock jenes Hauses in der Londoner Conduit Street zusammen, in welchem ich ein winziges Büro gemietet hatte. Die von mir gegründete Firma war erst einen Tag jung. Einziger Tagesordnungspunkt: Spezifikationen des Motors für ein noch gar nicht vorhandenes Auto.

Ohne Nobby Clarke, einen Kriegskameraden, den ich während meiner Fliegerzeit als Allround-Talent kennen und schätzen gelernt hatte, wären wir nicht weit gekommen. Nur neun Monate benötigten wir für die Fertigstellung unseres Motors. Es war ein feierlicher Moment, als wir unser Schmuckstück aus Stahl, Aluminium und blank schimmerndem Kupfer eines Tages auf dem Prüfstand sahen.

Clive Gallop setzte den Anlasser in Bewegung. Die ersten Umdrehungen jenes Motors, für den wir noch gar kein Automobil hatten, um ihn darin zu testen, waren Musik in unseren Ohren. Er lief – und zwar weicher und wohlklingender, als ich zu hoffen gewagt hatte. Wir öffneten die Drosselklappe immer mehr, die Drehzahlen stiegen, der Motorenlärm nahm zu.

Welch eine Symphonie des Triumphs! Plötzlich tippte mich Clive Gallop an die Seite und deutete zur Eingangstür. Wir hatten natürlich nicht hören können, dass jemand den Raum betreten hatte, aber Gallops Blick war für den Bruchteil einer Sekunde zufällig in jene Richtung gewandert und sah sie auf der Schwelle stehen, die massige Erscheinung – dem Gewand nach eine Krankenschwester. Gallop lief zu ihr hin und kam sogleich zu mir an den Prüfstand zurück, säuerlich lächelnd. Er versuchte, gegen den Lärm anzubrüllen:

Sie besteht darauf, dass wir den Motor abstellen!

Warum, zum Teufel? Jag' sie fort! schrie ich.

Sie sagt, nebenan sei jemand krank ... schrie Gallop durch den Motorenlärm zurück.

Ich blickte kurz zu der Frau hinüber, die jetzt auch noch die Arme in die Hüften gestemmt hatte, um ihrer Forderung Nachdruck zu verleihen.

Welche Krankheit auch immer hätte es wohl geben können, die schwerer wog als die Geburt eines neuen Motors?

Mit unwirscher Handbewegung gab Gallop der Lady zu verstehen, dass sie verschwinden möge. Tatsächlich trat sie den Rückzug an. Zwanzig Minuten ließen wir unseren Motor laufen, ehe wir den Benzinhahn zudrehten.

Wir waren fast taub, aber überglücklich. Bevor ich den Werkraum verließ, bekam ich noch mit, wie Nobby Clarke murmelte: Selbst wenn jemand todsterbenskrank sein sollte – eine schönere Begleitmusik als den Klang unseres Motors kann sich doch niemand für die Fahrt ins Jenseits wünschen!«

Nobby Clarke leitete später die Renneinsätze des Werksteams und wurde 1931 Produktionschef.

Solange Walter Owen Bentley als Lokomotivenbauer tätig war, gab es führ in keine Alternative zum Dampf. Erst 1910 räumte er dem Verbrennungsmotor Zukunfts-Chancen ein und wandte sich dem Automobil zu, doch im Ersten Weltkrieg arbeitete er im Auftrag des Royal Navy Flying Squadron (RNFS) bei Rolls-Royce und Sunbeam erst einmal im Flugmotorenbau.

W.O.'s Meisterwerk: Bentley Speed Six, 1928. Der 6,5-Liter-Sechszylinder des Boliden weist vier Ventile pro Zylinder im nicht abnehmbaren Zylinderkopf auf.

Rechts: 4,5-Liter Vierzylinder Bentley-Motor mit Kompressor, 1929.

»Wir bauen Autos, die keiner braucht, die aber jeder haben will ...«

Ferdinand Porsche, Mercedes-Chefkonstrukteur, 1928

Legendären Persönlichkeiten werden viele Zitate in den Mund gelegt, die sich wie die berühmte »Stille Post« durch undeutliches Artikulieren, nur-halb-hingehört und dem entsprechend unrichtiger Weitergabe schließlich im Bereich der Groteske verankerten und zu Bonmots stilisiert wurden, die man belächelt.

So ist auch nicht verbürgt, ob Ferdinand Porsche, Konstrukteur des Auto Union Grand-Prix-Wagens von 1934, auf die Bemerkung des Rennfahrers Hans Stuck, der Wagen habe mangelhafte Bremsen, wirklich antwortete: »Herr Stuck, fahren sollen Sie mit dem Wagen, nicht bremsen!« – oder so ähnlich. Angeblich hat Henry Ford das auch einmal gesagt, nachdem sich ein Kunde über das vermeintlich unzulängliche Bremsverhalten seines T-Modells bei ihm beschwert hatte.

Zeitweilig bekleidete Porsche die Position des Chefkonstrukteurs bei Daimler (ab 1926: Daimler-Benz), und in seiner Regie entstanden dort neben anderen Fahrzeugen die von 1927 bis 1934 hergestellten Kompressor-Modelle der Baureihen W9856 und W06 – Meisterwerke der Technik, unschlagbar im Motorsport und entsprechend exklusiv im Auftritt. Und von ihnen soll Ferdinand Porsche gesagt haben: »Wir bauen Autos, die keiner braucht, aber die jeder haben will.«

Zumindest auf die Reichsten der Reichen hätte das zutreffen können, denn ein S, SS oder SSK kostete damals fast so viel wie ein Einfamilienhaus. Heute entspricht ein originaler SSK dem Gegenwert von drei Eigentumswohnungen mit Bodenseeblick.

Auch für das sich auf Kritik am Volkswagen beziehende Porsche-Zitat – wonach er auch später »keine Schraube anders gemacht« hätte – ist keine Quelle bekannt. Von Porsches in London geborenem Neffen und langjährigem Privatsekretär Ghislaine John Ernest Kaes stammt die Überlieferung, wonach sein Onkel und Chef anlässlich dessen 75. Geburtstages am 3. September 1950 vor Gratulanten den Wunsch äußerte, mindestens hundert Jahre alt zu werden, weil er noch so viele Ideen habe, die es zu realisieren gälte. Auch habe er vor, noch oftmals einen Zirkus zu besuchen: Ferdinand Porsches Leidenschaft seit seiner Kindheit, der er nachging, so oft es sich ermöglichen ließ. Passionierter Schlittschuhläufer war als Knabe ebenfalls gewesen. An den Fersenriemen hatte er Glühlämpchen installiert, die sich durch eine Batterie am Gürtel zum Leuchten bringen ließen. In der Winterdämmerung auf dem Eis des Maffersdorfer Teichs ein besonderer Effekt!

Dem wegen einer Beteiligung an Hitlers Rüstungsprojekten von den Franzosen im Dezember 1945 internierten und durch die schweren Haftbedingungen gesundheitlich geschwächten alten Mann war die Erfüllung seines Wunsches nach einem hundertjährigen Leben nicht vergönnt. Seinen damals ebenfalls verhafteten Sohn Ferry hatte man schon nach drei Monaten aus der Haft entlassen, Ferdinand Porsche und seinen Schwiegersohn Anton Piëch (Vater des 2019 verstorbenen Ferdinand Piëch) hingegen wurden 22 Monate festgehalten. Ihre Entlassung erfolgte nach Zahlung einer Kaution im August 1947. Entlastende Zeugenaussagen ergaben für Porsche durch ein französisches Gericht 1948 nachträglich einen Freispruch, da ihm keine Verbrechen nachgewiesen werden konnte. Es kursierten Gerüchte, denen zufolge man Porsche während der Haft einen Prototyp des Heckmotor-Renault 4 CV gezeigt und von ihm Vorschläge zu dessen Optimierung erwartet habe. Es gibt keine Belege für den Wahrheitsgehalt dieser Geschichte.

Den Beginn der Ära 356 hat Ferdinand Porsche noch erlebt. »Das letzte Auto, das gebaut wird, kann nur ein Sportwagen sein« ist ein – verbürgter! – Ausspruch, den sein Sohn Ferry (1909–1998) getan hat, als man in Zuffenhausen noch nicht an Limousinenautos wie Panamera oder Cayenne dachte. Da aber niemand – einige Astrologen und Besitzerinnen von Kristallkugeln ausgenommen – in die Zukunft blicken kann, muss Ferrys Prophezeiung zum gegenwärtigen Zeitpunkt unkommentiert bleiben.

Ferdinand Porsche – der sich gern mit »Herr Professor« anreden ließ – 1940 war er zum Honorarprofessor der Technischen Hochschule Stuttgart ernannt worden – verstarb am 30. Januar 1951.

Ferdinand Porsche im Lohner-Wagen mit Radnabenmotoren, 1902.

Unten: Der im Sommer 1947 entstandene Porsche 356 Roadster Nr.1 – Urahn aller Sportwagen dieser Marke.

Oben: 26. Mai 1938. Reichskanzler Hitler lässt sich auf dem Areal des künftigen VW-Werkes bei Fallersleben von Ferdinand Porsche den Prototyp des Volkswagens zeigen.

Rechts: Ferry Porsche am Lenkrad des ersten VW Cabriolets mit NS-Prominenz, 1938.

Links und unten links: VW Transporter T1, wie er von 1950 bis 1962 gebaut wurde. Den weit verbreiteten Namen »Bulli« hat Volkswagen bis 2007 nicht verwendet, weil die Namensrechte bei der Kässbohrer Geländefahrzeug AG lagen (»Pisten-Bulli«).

Verfremdungsversuch eines Individualisten: Ford-A-Kühlerattrappe an einem (höhergelegten) VW Käfer ca. 1963.

Feucht-fröhliche Reminiszenz an den echten Amphibien-Volkswagen, den es in ersten Kriegsjahren gegeben hat (Typ 166).

»In spätestens zwei Jahren wird die Volkswagen-Fabrik völlig bedeutungslos geworden sein …«

Sir Reginald Rootes, Konzernvorstand, 1945

Der von Ferdinand Porsche und seinem Ingenieursteam entwickelte Volkswagen hatte 1939 sein Stadium als serienreifes Fließbandprodukt erreicht. Das Auto sollte ein Wagen »für das deutsche Volk« sein und in entsprechend hoher Zahl gebaut werden, in einer eigens hierfür errichteten Fabrik am Mittellandkanal in der Nähe von Fallersleben, Niedersachsen. Doch durch den Ausbruch des Krieges kam alles ganz anders. Abgesehenen von einigen Vorführwagen für hohe Regierungspromis und ausgewählte Händler wurde zunächst ein auf Volkswagenbasis entstandener Kübelwagen fürs Militär produziert, sowie eine davon abgeleitete Amphibienversion. Erst unter der britischen Besetzung des Werkes 1945 wurden einige »Käfer« in der ursprünglich geplanten Zivilkonfiguration aus vorgefundenen Teilen (viele stammten vom Kübelwagen) in Handarbeit gefertigt, als mattgrün lackierte Einzelexemplare für den Dienstgebrauch.

Die Alliierten verkannten den Wert ihrer Kriegsbeute.

Eigentlich hatten die nicht zerstörten Teile der Fabrik nur für die Reparatur von Militärlastwagen dienen und dann der Demontage anheimfallen sollen. Doch der für Verwaltungsbelange des Werks in Wolfsburg eingesetzte Major Ivan Hurst sowie Colonel Charles Radcliffe erkannten das Potenzial, das im Volkswagen und in den Werksanlagen steckte. Die Offiziere waren nach der Invasion 1944 für Instandsetzungen von britischen Panzern verantwortlich gewesen. Hurst und Radcliffe wollten entgegen der Order ihrer Vorgesetzten weitermachen, wo man hier 1939 aufgehört hatte, und in den verbliebenen Räumen der »Fabrik des KdF-Wagens« nicht nur Militärfahrzeuge reparieren lassen, wie man ihnen aufgetragen hatte. Denn eine Wiederbelebung der deutschen Wirtschaft stand nicht auf dem Programm der Siegermächte, ganz im Gegenteil. Überall in Deutschland wurden Industrieanlagen demontiert und unter sie verteilt. Besonders erpicht auf deutsche Industrieanlagen war die Sowjetunion.

Offenbar genoss Major Hurst den Ermessensspielraum, in eigener Regie zu handeln und zu ignorieren, was Repräsentanten der Automobilindustrie aus den Vereinigten Staaten, aus Großbritannien, Kanada und Frankreich nach einer Besichtigung über das in Teilen noch funktionsfähige, zur einstigen Rüstungsindustrie gerechnete Werk am Kanal sagten. Es war Eigentum des Deutschen Reichs gewesen und stand nun zur Disposition. Doch keiner der zu einer Beurteilung aufgeforderten Experten gab dem Fortbestand der Fabrik eine Chance – oder wollte es nicht, wohl im Hinblick auf die Wahrung der eigenen Interessen. Mit des »Führers« Volkswagen wollte niemand etwas zu tun haben.

Sprecher der britischen Gruppe war Sir Reginald Rootes, Chef der damaligen Markengemeinschaft Humber, Hillman, Commer, Sunbeam und Singer. Mit

seinem Urteil sprach der Konzernboss aus, was die anderen vermutlich ebenfalls dachten oder hofften: »Major Hurst, in spätestens zwei Jahren wird diese Fabrik vollkommen bedeutungslos geworden sein. Der Wagen, den Sie uns hier zeigen, ist für den Autokäufer uninteressant, er ist hässlich und viel zu laut. Sollten Sie dennoch erwägen, das Fahrzeug produzieren zu lassen, dann kann ich nur sagen: young man, you are a bloody fool!«
Im Report der Kommission musste der »bloody fool« dann auch schriftlich zur Kenntnis nehmen, dass seine Idee, mit der Serienfertigung des Volkswagens eigenmächtig zu beginnen statt die noch intakten Maschinen des Werkes demontieren zu lassen, für absurd gehalten wurde: »Dieses Auto zu produzieren, wäre ein vollkommen unwirtschaftliches Unterfangen«. Die Empfehlung lautete: Alle Betriebseinrichtungen abtragen, die Idee von einem Volkswagen schnell vergessen...
Auch die Ford-Manager zeigten nicht das geringste Interesse am VW. »Was man uns hier vorgeführt hat, ist keinen einzigen Groschen wert!« vermeldete Ernest Breech, Vorstandsvorsitzender der Ford Motor Company, seinem Chef, Henry Ford II, Präsident des Konzerns. »Not a single dime« – wie sehr sich Mr. Breech doch geirrt hatte.

Von der acht Jahre zuvor der prophezeiten Bedeutungslosigkeit nichts zu spüren: Hier warten im Frühjahr 1953 Hunderte von »Ovali«-Käfer auf ihre Verladung in die USA.

»Die Motorhaube eines Autos wird nicht mehr so klotzig sein wie bisher!«

Raymond Loewy, amerikanischer Designer französischer Herkunft, 1951

Manche halten ihn für einen der genialsten Industriedesigner schlechthin, andere haben für viele seiner Kreationen nur ein Lächeln übrig. Der Graphiker Raymond Loewy, geboren am 5. November 1893 in Paris, ließ sich 1919 in New York nieder und erhielt zunächst bei der Modezeitschrift Vogue eine Anstellung als Illustrator. 1927 machte er sich als Designer selbständig und gab Gegenständen aller Art, von Diesellokomotiven, Cola-Automaten und Toaströstern bis zur Ketchupflasche, ihre Form nach seinem Credo: »Hässlichkeit verkauft sich schlecht«. Unter diesem Motto veröffentlichte er ein Buch, das 1951 in den USA mit dem Titel »Never leave well enough alone« erschien.

»Die Psychose der verchromten Kühlergitter ist am Verebben, das Auto wird entrümpelt!«

1930 erhielt Raymond Loewy von der Hupp Motor Car Corporation in Detroit den Auftrag, die Karosserie für eine Limousine zu entwerfen. Sein Designvorschlag gefiel und gelangte zur Ausführung (die 1908 gegründete Marke Hupp existierte bis 1940). Daraufhin wurden weitere Firmen der Automobilbranche auf den offensichtlich recht begabten Künstler aufmerksam – britische und amerikani- sche Hersteller bemühten sich um seine Mitarbeit und überboten einander in den Honoraren. 1944 entwarf Loewy für Greyhound den klassisch gewordenen Hochdecker-Omnibus, auf den er sogar ein Patent anmeldete. Eines der bekanntesten Produkte, das Loewy gestaltete und Weltberühmtheit erlangte, ist die Lucky-Strike-Zigarettenpackung mit der roten Kreisfläche auf weißem Grund. Ein Novum war auch, dass Vorder- und Rückseite der Packung gleich gestaltet waren.

In den 1950er-Jahren konzentrierte Raymond Loewy seine Arbeit auf das Styling von Studebaker-Automobilen. Für diesen damals auf dem US-Markt noch bestens vertretenen Hersteller schuf er eine Reihe von Karosserien, die sich an europäischen Vorbildern orientierten; sie lösten jene Modelle im etwas bizarren Düsenjäger-Look ab, die Loewys Vorgänger Virgil Exner entworfen hatte. Nach anfänglich guter Aufnahme waren die Highway-Raketen jedoch bald der Lächerlichkeit anheim gefallen... Loewys Kreationen, vor allem die Coupés, wirkten seriöser und zeitgemäßer, aber sie kamen zu spät, um Studebaker aus der Krise zu befreien. General Motors, Ford und die Chrysler-Gruppe hatten Studebakers Atemluft dünn werden lassen. Zu dünn, um überleben zu können.

Auch der heute hoch bewertete Avanti von 1963 war Loewys Werk. Vorher hatte er einen BMW 507 nach seinen Vorstellungen modifiziert; dieser Wagen blieb zum Glück ein Einzelstück und war viele Jahre Raymond Loewys Privatwagen, den er auf seinen Reisen in Frankreich benutzte.

Was andere Designer ebenfalls erkannt und häufig kritisiert hatten, gehörte auch zu Loewys Anliegen: Das hohe Gewicht des Personenwagens zu reduzie-

Oben: Von Loewy gestalteter Studebaker Commander Starliner 1962 – ebenso schnörkellos wie sein 1935er Hupp Coupé (rechts).

ren. »Das Gewicht ist unser Hauptfeind. Das amerikanische Automobil wiegt im Durchschnitt 1590 Kilogramm. Es macht einfach keinen Sinn, diese Masse zur Beförderung von ein oder zwei Personen aufzuwenden. 92 Prozent aller Kraftwagen bewegen sich mit leerer Rücksitzbank auf den Highways... Einige Gestalter bevorzugen den Heckmotor, weil er die Fronthaube überflüssig macht. In diesem Punkt bin ich anderer Ansicht. Die Haube muss bleiben, schon aus psychologischen Gründen. Sie wird nur nicht mehr so klotzig sein wie bisher. Die Psychose der verchromten Kühlergitter ist am Verebben, die sind schwer und hässlich. Das Auto der Zukunft wird schnittig, schlicht und entrümpelt sein,« meinte Loewy. Sein entrümpelter Avanti – allerdings auch nicht weniger als 1500 Kilogramm wiegend – kam gänzlich ohne Kühlermaske daher. Und ohne Außenspiegel. Der 2+2 war der Schwanengesang der 1902 gegründeten Marke Studebaker. Zum Schuss warteten rund 2500 dieser Kunststoff-Coupés unverkauft bei den Händlern; erst 1600 hatten bis Ende des Jahres 1963 ihre Abnehmer gefunden.

Loewy war 1944 einer der Gründer der Society of Industrial Designers gewesen und wurde Dozent für Industriestyling an der Harvard-Universität. Er starb am 14. Juli 1986, nachdem er sich in seinen letzten Lebensjahren mit dem Entwurf von Raumstationen sowie der Kennzeichnung von Nahrungsmittel-Verpackungen gewidmet hatte: »Ich erinnere mich gern

an die hübsche Blondine, die mich eines Tages besuchte und mir erzählte, wie ungenießbar doch tiefgekühlte Kartoffeln heutzutage seien. Es stellte sich heraus, dass sie die Kartoffeln zum Auftauen und Erwärmen weder aus dem Karton noch aus der Wachspapierhülle entfernt hatte, dadurch war das Ganze im Backofen zu einem Mischmasch von Kartoffeln, Pappe und geschmolzenem Paraffin geworden... auf der Schachtel hätte wohl stehen müssen, dass die Kartoffeln am besten schmecken, wenn man sie zum Zubereiten und Verzehren aus der Verpackung herausnimmt ...«

4

Bezwingerinnen des Asphalts

mit Klugheit, Charme und Wagenheber

Kitty Brunell posiert hier an ihrem 1932er AC 16 hp 2-Litre nicht nur für den Fotografen. Die junge Dame war eine passionierte Rennfahrerin und erledigte alle Arbeiten an ihrem Sportwagen selbst.

Selbst ist die Frau: Radwechsel an einem 1938er Citroën 7 CV.

»Sogar von Damen kann unser Wagen gesteuert werden!«

Werbung für das amerikanische Ultramobile in Deutschland, 1904

Wohl nur ein paar amerikanische Uralt-Einwohner erinnern sich an den Song »Me and my merry Oldsmobile«. Das besungene Motorfahrzeug war vor zwölf Jahrzehnten mindestens ebenso bekannt wie nachmals der Volkswagen. Sogar in Deutschland gab es das /den Oldsmobile zu kaufen, angeboten von zwei Gesellschaften, die miteinander konkurrierten. Eine von ihnen war die 1903 gegründete Deutsche Ultramobile-Gesellschaft im Berliner Vorort Halensee, und sie war kühn genug, das importierte Ami-Auto schlichtweg als »Wunder deutscher Technik« zu bezeichnen. Das identische Konkurrenzfahrzeug hieß Polymobil.
1904 startete die Ultramobile-Gesellschaft mit der fabrikmäßigen Lizenzherstellung des Wagens; sie erfolgte nicht in Berlin, sondern bei der Fahrzeugfabrik Eisenach (wo der Dixi gebaut wurde), und ab 1906 bei der Firma W. A. Boese & Co.
Jetzt durfte das Ultramobile made in Germany ganz korrekt als »deutsches Erzeugnis solider Werkmannsarbeit« bezeichnet werden. Wobei anzumerken wäre, dass der Begriff »made in Germany« ursprünglich gar keine Wertkennzeichnung dargestellt hatte, im Gegenteil. Besorgte Engländer hatten sich dieses Label Mitte des 19. Jahrhunderts für die Kennzeichnung importierter, angeblich minderwertiger Stahlprodukte aus Deutschland ausgedacht. Erst zwei bis drei Generationen später standen die drei Worte für hohe Fertigungsqualität, Funktionalität und Wertbeständigkeit.
Gern stellte man die einfache Handhabung des Ultramobile heraus: »Mit nur einem Hebel machen Sie alles!« Auch pries man das gute Steigvermögen und den leisen Lauf des Einzylindermotors im Heck. Sogar von Damen könne das Ultramobile gesteuert werden, betonte die Werbung. Die an den US-Lizenzgeber Ransom E. Olds in Lansing, Michigan, abzuführenden Gebühren betrugen 125 Dollar pro Fahrzeug.
1906 präsentierten die Berliner ein neues Modell mit 12-PS-Motor. Das war ein Zweizylinder-Wagen, mit dem Oldsmobile nicht mehr identisch, das Planetengetriebe ausgenommen. Es gab dieses Auto nur bis 1908, als die Deutsche Ultramobile-Gesellschaft in Konkurs ging. Damit war das Angebot auf dem deutschen Markt um ein Fabrikat geringer geworden. Ernsthaft vermisst dürfte es kaum jemand haben, noch gab es ja genügend Automobilmodelle anderer Marken.
Apropos Damen: In der Zeit vor dem Ersten Weltkrieg sah man nur selten eine Frau am Steuer. Dabei war mit der von Bertha Benz und ihren beiden jungen Söhnen unternommenen Fernfahrt von Mannheim nach Pforzheim und retour im Jahre 1888 ein Beweis erbracht worden, dass Frauen mit dem Automobil durchaus gut umzugehen verstehen. Einen weiteren Nachweis dieser von den meisten Motormännern noch lange geleugneten Tatsache lieferte Frau Wilhelmine Ehrhardt, Gattin des Generaldirektors Gustav Ehrhardt von der Fahrzeugfabrik Eisenach.

Auf der 1. Internationalen Motorwagen-Ausstellung zu Berlin im September 1899, die vom Berliner Tageblatt als »Ausstellung der Zukunftswagen« bezeichnet wurde, stellten die Wartburgwagen aus Eisenach insoweit eine besondere Attraktion dar, als sie sämtlich von Wilhelmine Ehrhardt vorgeführt wurden. Der Messebericht schilderte begeistert, »wie sehr die geschickten Fahrkünste der Frau Direktor Ehrhardt bewundert« worden seien. Auch die Wiener Allgemeine Automobil-Zeitung schwärmte noch ein Jahr später von der »Frau Direktor Ehrhardt, welche gelegentlich der internationalen Motorwagen-Ausstellung in Berlin auf der Fahrabteilung die Ausstellungsbesucher durch die Gewandtheit und Grazie, mit welcher sie ihr Automobil lenkte, in Erstaunen setzte ...«

Sommer 1902: Mutter und Tochter unterwegs – ohne Kennzeichen und wohl ohne Führerschein. Wozu denn auch; der Motor ihres Runabout hatte ja nicht mehr als einen einzigen kleinen Zylinder...

Unterwegs in sportlich-eleganter Garderobe: Motorradfahrerin 1921.

In den späten 1920er-Jahren ergriffen immer mehr Frauen die Initiative, sich gegen überkommene Konventionen durchzusetzen – zum Beispiel auf dem Motorrad.

Rechts: Heute eine unbekannet Größe: Monet-Goyon Velauto Scooter 1919.

»Dorothy is a beautiful secretary
with long legs
and eyes like pools.«

Selwyn Francis Edge, Napier-Verkaufsmanager, 1902

Dorothy Elizabeth Levitt, geboren am 5. Januar 1882 unter dem Namen Elizabeth Levi als Tochter eines Juweliers in London, war die erste britische Rennfahrerin und sorgte mit dieser Betätigung für Aufsehen. Ihre Fahrkünste fanden sowohl bei Männern Respekt als auch und erst recht bei jenen Frauen, denen sie das Autofahren beibrachte, so etwa der Prinzessin Alexandra von Dänemark, besser bekannt als Gemahlin des Königs »Bertie« Edward VII. von England, sowie deren Töchtern Louise, Victoria und Maud.

1902 hatte Miss Levitt die Stelle einer Sekretärin beim Verkaufsleiter Selwyn Francis Edge des Londoner Automobilherstellers D. Napier & Son angetreten. Gemäß einer Aussage des Autors Jean François Bouzanquet, Verfasser eines 2009 erschienenen Buches über Rennfahrerinnen, soll Edge seine Dorothy als »beautiful secretary with long legs and eyes like pools« beschrieben haben. Sein Einfluss auf ihre Karriere war nicht gering: Er ließ die Lady nach Frankreich reisen, wo sie ein sechsmonatiges Praktikum bei einem Autohersteller absolvierte und für Napier Verbindungen zur dortigen Autobranche herstellen sollte, und da sie selbst eine gute Fahrerin war, vermochte sie jedermann von ihrem Sachverstand zu überzeugen, zumal sie auch alle mechanischen Arbeiten an einem Motorwagen auszuführen fähig war. Die »Sekretärin mit den langen Beinen und Augen wie ein stilles Gewässer« absolvierte diverse Rekorde und veröffentlichte 1909 ein Handbuch für Frauen zum Autofahren, in welchem sie die Idee für einen Rückspiegel darlegte, um »zu erkennen, ob jemand Ihnen folgt«. Vor allem empfahl sie allein reisenden Damen das Mitführen eines Revolvers. Eingehend erklärte sie in Wort und Bild, wie frau den Zündzeitpunkt zu korrigieren, eine Kerze zu wechseln oder einen Reifen auf die Felge zu montieren hatte.

Nachdem sie 1905 mit einem De Dion-Bouton die 360 Landstraßen-Kilometer (224 Meilen) messende Strecke von London nach Liverpool und zurück in nur zwei Tagen und ohne die Begleitung durch einen Mechaniker (!) zurückgelegt hatte, wurde die 23-Jährige in der Presse als »the fastest girl on earth« gefeiert. Dennoch war ihr die Teilnahme an Rennen zunächst nicht gestattet – die Ausschreibungen schlossen Damen kategorisch aus.

Erst ab 1908 erlaubte man Miss Levitt, auf der Brooklandsstrecke an Rennen teilzunehmen, nachdem sie auf harten Zuverlässigkeitsfahrten, auch im Ausland, ihr Talent schon genügend bewiesen hatte. Unter anderem war ihr als Fahrerin eines großen 45 hp Napier im Juni 1908 bei der Herkomer-Fahrt in Deutschland eine Silbermedaille zuerkannt worden, und wenige Wochen später qualifizierte sie sich mit einem 60 hp Napier als Schnellste von 50 Teilnehmern beim Aston Bergrennen in Buckinghamshire.

Durch den Napier-Manager S. F. Edge kam Miss Levitt auch als erfolgreiche Aquanautin zu einiger Berühmtheit. Mit einem Boot, dessen Napier-Motor 15,4 Liter Hubraum und 80 PS hatte, errang Edge im

Miss Dorothy Elizabeth Levitt am Lenkrad eines Napier, vor dem Ersten Weltkrieg die schnellste Frau zu Lande und auf dem Wasser.

Miss Levitt am Ruder des von ihr gesteuerten Weltrekordbootes, 1905.

Links: Keine Scheu vor großen Kalibern: Miss Levitt im 4,8 Liter Gladiator, 1904.

Juli 1903 vor der irischen Südküste die Harmsworh Trophy. Edge? Der hatte zwar die Nennung abgegeben, war aber gar nicht mit an Bord gewesen; das Boot zu steuern hatte er seinem langbeinigen Schützling überlassen, begleitet von einem Mr. Campbell Muir. Drei Wochen später ging Dorothy Levitt in Cowes erneut an den Start einer Motorbootregatta und gewann auch diese. Doch die rasante Lady verkraftete ihre Erfolge und ihre heimliche Affäre nicht. Man fand die kluge und mutige Frau am 17. Mai 1922 leblos in ihrer Wohnung. Sie war an einer Überdosis Morphium gestorben.

Links: Morris Bullnose 1912. Ein sehr viel später »gestelltes« Foto.

Unten: 1905 in Tampa, Florida, entstandene Aufnahme mit einem Union 10 hp Einzylinder-Runabout (sieben Hersteller hat es in den USA gegeben, die zwischen 1899 und 1912 Motorfahrzeuge unter diesem Markennamen anboten).

Oben: Custer Car, 1924. Bereits 1898 hatte L. L. Custer erste kleine Elektro-Kinderfahrzeuge gebaut, doch die Serienfertigung begann in Dayton, Ohio, erst 1920.

Rechts: Rytecraft von 1940, ein durchaus ernst gemeinter Beitrag zur britischen Kleinstwagengeschichte.

Vorführung eines Fordson Traktors durch eine Farmerin in Ohio, 1928.

Unten: Mrs. Arlette Dorgere in einem Wagen, dessen dekorative Verfremdung aus eingewickelten Bonbons der Marke Waugaman bestand.

Tierisches Vergnügen im offenen Cabriolet: Schnappschuss aus dem Jahre 1927.

Buick Sechszylinder Coupé, 1914.

Links: Miss Hazel Jones und Miss Marion Cameron posieren mit ihrem Stephens Silent Six, 1922.

Unten: Mrs. Abigaile Kentrell-Horrowicz und ihr 1924er Studebaker Special 6 Touring.

Mrs. Violet Cordery am Steuer ihres Austin 3,6 Liter 20 hp, 1920.

1928er Morgan Threewheeler. Es gab das sportliche Dreirad mit einem V2-Motor von Anzani, Blackburne oder JAP.

Unten: Madame entert einen Humber 14/40 hp Tourenwagen, 1927-28.

Die amerikanische Bryant Tire Co. lässt junge Damen in Miller-Rennwagen für Autoreifen-Reklame posieren (1932).

Beim 24-Stunden-Rennen von Le Mans trat 1935 ein MG-Damenteam an. Die sechs Ladies erreichten mit ihren 1100-ccm-P-Type-Roadstern die Plätze 24, 25 und 26, angeführt von Joan Richmond und Eva Gordon-Simpson.

Sportliches BSA-Trio beim Start ins Weekend, 1928.

Unten: Mrs. Florence Norman auf einem amerikanischen Elektroscooter, 1916.

Kein Lambretta-Prototyp, sondern ein amerikanischer Scooter von 1938. Ähnliche Roller produzierte die Firma Corgi später fürs Militär (Abwurf per Fallschirm).

Rechts: So provozierte frau 1936 die konservative Society Englands ...

»Mir hat ein Lastwagenchauffeur eine Tracht Prügel angedroht ...«

Als erste Frau durchquerte Bessie Stringfield auf einem Motorrad 1930 die USA

Sie gehörte zu jenen, die Zeit ihres Lebens alle Formen eines von Vorurteilen geprägten Rassismus' zu spüren bekam. Die afroamerikanische Motorradfahrerin Elisabeth »Bessie« Stringfield, geboren 1911 in Kingston, Jamaika, war in Boston als Adoptivkind einer irischen Familie aufgewachsen und wurde bekannt als erste Frau, die allein auf zwei Rädern die USA durchquerte.

Das war 1930; Bessie war erst neunzehn. In den 1930er- und 1940er-Jahren unternahm sie insgesamt acht solcher Langstreckentouren, auf denen sie alle 48 Staaten – 50 waren es damals noch nicht – besuchte.

Der Leiter der Zulassungsstelle bestand darauf, sich von Mrs. Stringfields Motorrad-Akrobatik persönlich zu überzeugen.

Mit 16 Jahren hatte sie das erste Mal im Sattel einer Indian Scout gesessen, später fuhr sie verschiedene Harleys. Bessie verkörperte eine Harley-Passion wie vermutlich kaum je eine andere Frau: 27 Stück hat sie nacheinander besessen. Wenn sie unterwegs war, musste sie immer wieder Hohn und Zynismus übelster Art ertragen und oftmals nachts an Tankstellen auf ihrem Motorrad schlafen, weil man ihr als Farbige kein Zimmer im Motel vermietete. »Einmal hat mir ein Lastwagenchauffeur eine Tracht Prügel angedroht, weil ich an einem Truck Stop gehalten hatte, an welchem Personen dunkler Hautfarbe unerwünscht waren,« erzählte sie. Bessie zeigte Selbstbewusstsein und ließ sich nicht aus dem Sattel boxen – sie tankte ihre Maschine in aler Ruhe auf und trug den Vorfall in ihrer Kladde als einen weiteren dieser ihr wohlbekannten Kategorie ein.

Eine andere dunkelhäutige Bessie dürfte ihr Vorbild gewesen sein: Bessie Coleman, die 1921 als erste nicht-weiße Frau in den USA einen Pilotenschein besaß – und um den zu erwerben sie sich eigens nach Frankreich begeben hatte. Dort gab es in den Flugschulen keine Rassendiskriminierung. Beim Absturz ihrer Sportmaschine während einer Flugübung hatte sie 1926 als 34-Jährige den Tod gefunden.

Wenn eine Farbige als Fliegerin nationale Berühmtheit erlangt hatte – warum sollte das einer schwarzen Motorradfahrerin nicht ebenfalls gelingen? Während des Krieges betätigte sich Bessie Stringfield, die sechs Mal verheiratet war und dennoch kinderlos blieb, zunächst als Kurierfahrerin für die US Army zwischen Washington und etlichen Militärdienststellen in den Staaten. Sie hatte Dokumente zu überbringen, die man nicht der Post anvertrauen wollte. Unter mehr als hundert Botenfahrern im Staatsdienst war Bessie die einzige Frau, die vom Kriegsministerium einen solchen Job als »bike dispatcher« bekam.

1950 zog Bessie mit ihrem (dritten) Ehemann Arthur nach Miami in Florida, wo sie den Iron Horse Motorcycle Club gründete, sich Geld für ihre Reisen als

Verweigerte man ihr ein Zimmer im Motel, schlief Bessie im Sattel ihrer Harley-Davidson.

Bessie als Kurierfahrerin im Auftrag der amerikanischen Regierung.

Krankenschwester und als Stuntfahrerin verdiente – und wo ihr die Behörden die Zulassung einer eigenen Maschine verweigern wollten, da eine Farbige angeblich von einem Motorrad nichts verstünde. Dabei besaß Bessie Stringfield nicht nur längst einen bekannten Namen, sondern auch artistische Fähigkeiten. Der Leiter der Zulassungsstelle bestand darauf, sich von ihrer Akrobatik erst persönlich zu überzeugen, ehe er der Lady widerstrebend das Kennzeichen für ihre Hydra-Glide bewilligte.

Amerikanischem Schwarzweißdenken hatte die »Motorcycle Queen of Florida«, wie sie später genannt wurde, die Aberkennung eines verdienten Sieges in einem Rundstreckenrennen zu verdanken, nachdem sie den Helm vom Kopf genommen hatte und die Jury enttäuscht feststellte, dass »Mr. Stringfield« kein Weißer war und eine Frau obendrein... Übrigens: nicht vor 1953 ließ man den ersten farbigen Amerikaner an einem Autorennen teilnehmen. Das war der damals 32-jährige Wendell Oliver Scott,

Bis zum letzten Tag ihres Lebens fuhr Bessie Stringfield eine ihrer geliebten Harleys. 1993 verstarb sie an Herzversagen; 2002 erkannte man ihr einen Platz in der Motorcycle Hall of Fame zu. An zwei Fronten hatte sie mutig gekämpft und oft genug Niederlagen einstecken müssen.

5

Krampf um Meter und Sekunden:

Wer bremst, hat verloren

Oben: David Scott-Moncrieff als Beifahrer im Brooklands Special (mit Maybach-Zeppelin-Motor), 1921.

John Walter Christies Frontantriebs-Rennwagen von 1907 mit Vierzylinder-V-Motor von 19,9 Liter Hubraum. Mit diesem Fahrzeug nahm Christie am Grand Prix de l'A.C.F. teil, musste aber in der vierten Runde mit Ventilschaden aufgeben.

»Mein letzter Wunsch: Ich möchte einst in einem Mercedes sterben …«

Camille Jenatzy, Weltrekord-Elektromobilist, 1903

Im Jahr 1898 baute der als Sohn eines ungarischen Kautschukimporteurs nach Brüssel gekommene Reifenhändler Camille Jenatzy seinen ersten Elektrowagen. Der muss gut funktioniert haben, denn Jenatzy stellte anschließend weitere auf die Räder und konnte sie an die Compagnie Internationale des Transports Automobile in Paris verkaufen, eine Taxigesellschaft, an deren Gründung er beteiligt war.

Auf einer Allee im Parc Agricole d'Achères bei Paris etablierte der rotbärtige Jenatzy ein Jahr später am Lenker eines Elektromobils mit 66,66 km/h einen Weltrekord über die Distanz von einem Kilometer. Und am 29. April 1899 überschritt er als erster Automobilist der Welt mit seinem zigarrenförmigen, »La jamais Contente« (die niemals Zufriedene) genannten Einsitzer ein Tempo von 100 km/h. 1901 begann Jenatzy auch mit benzin-elektrischen Fahrzeugen zu experimentieren, gemeinsam mit dem Ingenieur Charles Schmidt von der Société d Electricité et d Automobiles Mors und der Firma Pieper. Henry Pieper hatte 1866 eine Waffenfabrik gegründet und 1883 mit der Herstellung von elektrischen Armaturen begonnen. 1903 entstanden Jenatzys Hybridfahrzeuge als 12/15 CV und 20/28 CV unter dem Markennamen Martini-Jenatzy, denn sie wurden nicht bei Mors oder Pieper, sondern bei der belgischen Tochterfirma der Schweizer Waffenfabrik Martini et Cie. gebaut. Charles Schmidt, der 1904 zu Packard wechselte, schien den Stadtvätern von St.-Ouen bei Paris bedeutend genug, um nach ihm eine Straße zu benennen. Den Namen Jenatzys trägt eine Berufsschule im 18. Pariser Arrondissement. Und ebenfalls eine Straße in seinem Geburtsort Schaerbeek, heute zu Brüssel gehörend.

Für den Visionär Camille Jenatzy lag 1899 die Zukunft in der Elektromobilität

Auch Ferdinand Porsches erste Autos waren Elektro- und Hybridwagen, entstanden in Wien bei der k.u.k. Hofwagenfabrik Lohner. Die Akkumulatoren, die den Motor des Elektromobils mit Strom versorgten, wiesen 42 Elemente auf; ihre Kapazität betrug 90 Ampèrestunden bei einer Spannung von 80 Volt, ihr Gewicht 430 Kilogramm.

Bei der ersten Ausfahrt, die am 26. Juni 1898 in aller Stille vor sich ging, kam das Fahrzeug die Steigung der Bergstraße im 9. Wiener Bezirk nicht hinauf; erst nach dem Auswechseln diverser Bleisicherungen wurde der oberste Punkt der Ringstraße erreicht.

Ferdinand Porsche erkannte die Schwächen der Konstruktion und entwickelte den berühmt gewordenen Radnabenmotor, ein Innenpolaggregat, das direkt auf der Achse innerhalb jeder der beiden vorderen oder auch an allen vier Felgen saß. Vier angetriebene Räder – das sorgte für Traktion! Porsche senior darf somit als einer der Wegbereiter des Allradantriebs gelten.

»Ein von der Firma Jacob Lohner & Co. bei der Internationalen Motorwagen-Ausstellung in Berlin ausgestellter Motorwagen ist in der am 28. September 1899 stattgehabten Fahrt mit elektrisch betriebenen Fahrzeugen auf der Strecke von Berlin nach Zehlendorf und retour der Erste Preis zuerkannt worden«, konnte man in der Zeitung lesen. Porsches Name blieb unerwähnt.

1903 nahm Jenatzy, der »Rote Teufel«, am Rennen von Paris nach Madrid teil und errang im gleichen Jahr einen spektakulären Sieg mit einem 60 PS Mercedes im Rennen um den Gordon-Bennett-Cup in Irland. Ein Jahr später wurde er Zweiter beim Gordon-Bennett-Rennen im Taunus. Bis 1910 bestritt Jenatzy noch etliche weitere Rennen, konzentrierte sich dann aber auf die Reifenherstellung in seiner Firma Pneu Jenatzy in Paris. Auf Plakaten und Inseraten seines Freundes Robert Bosch posierte Jenatzy als spitzbärtiger Mephisto und warb für die Erzeugnisse des deutschen Elektrik-Unternehmens. Seine eigenen Elektroauto-Aktivitäten setzte er nicht fort.

Der draufgängerische Camille Jenatzy, Jahrgang 1868, wurde am 17. Dezember 1913 Opfer eines Jagdunfalls (Fehlschuss durch den Verleger Alfred Madoux) in den Ardennen. Sein 1903 geäußerter Wunsch, dereinst in einem Mercedes zu sterben, erfüllte sich insoweit, als der Wagen, mit dem man den tödlich Verletzten ins Hospital fuhr, ein Auto seines favorisierten Fabrikats war. Allerdings war es weder ein Rennwagen noch ein Elektroauto.

Jenatzy hatte seinen einstigen Rekord-Konkurrenten Jeantaud um sieben Jahre überlebt. Charles Jeantaud, geboren 1843 in Limoges, stellte 1881 seine erste elektrische Kutsche her. Bis zum Jahr 1893 blieb es bei vereinzelten Fahrzeugen dieser Antriebsart. 1895 nahm Jeantaud mit einem voluminösen Sechssitzer am ersten offiziellen Autorennen der Welt teil, das von Paris nach Bordeaux und zurück führte. Der 4,8-kW-Motor unter dem Sitz seines Fahrzeugs brachte eine Schnittgeschwindigkeit von 24 km/h. Nur musste Jeantaud alle 30 Kilometer, also 40 Mal, die 570 Kilogramm schweren Batterien wechseln. 1897 beteiligte sich Jeantaud an F. H. Gaillardets Société Française d Automobiles. Für Gaston de Chasseloup-Laubat baute er dort einen Elektrowagen, mit welchem dieser den ersten Geschwindigkeits-Weltrekord in der Geschichte des Automobils aufstellte: In 57 Sekunden absolvierte er den Kilometer mit fliegendem Start, das entsprach einer Geschwindigkeit von 63,149 km/h. 1893 gründete Jeantaud eine Firma zum Bau und Vertrieb von Elektrofahrzeugen. 1903–1904 stellte er auch Benzinmotorwagen mit zwei, drei und vier Zylindern her. 1906 verübte er aus niemals geklärten Gründen Selbstmord.

Am 29. April 1899 überschritt Jenatzy als erster Automobilist der Welt mit seinem »La jamais Contente« (die niemals Zufriedene) genannten Einsitzer ein Tempo von 100 km/h. Es ist verbürgt, dass die Rekordfahrt ohne Blumengirlanden stattfand und Jenatzys Gattin auch nicht auf dem Wagenheck mitgefahren ist …

Bernard Tart mit seiner Tochter in einem 15,4 Liter Panhard-Levassor Viertzylinder vor dem Start zum Gordon-Bennett-Rennen 1904.

Unten: Camille Jenatzy am Lenkrad eines 120 PS starken 14,4 Liter Werks-Mercedes, mit welchen er am 27. Juni 1906 (leider wenig erfolgreich) am 1238-km-Rennen um den Grand Prix des Automobile Club de France teilnahm.

Oben: Das italienische Züst-Team, Teilnehmer am Rennen New York-Paris, 1908.

Rechts: Harry Grant gewann 1910 auf einem ALCO das Vanderbilt Cup Rennen in den USA (Long Island Parkway) wie schon im Vorjahr gegen starke Konkurrenz. Einer seiner Herausforderer: ein gewisser Louis Chevrolet auf Buick.

Links: Tournier auf Piccard-Pictet 4,5 Liter als Teilnehmer am Grand Prix de l'ACF, Lyon 4. Juli 1914. Gegen die starken Mercedes und Peugeot hatte er in dem 752-Kilometer-Rennen nicht die geringsten Chancen.

Unten: Die Teilnehmer Guyot (Delage, 33) und Boillot (Peugeot, 47) am Grand Prix des Voitures Légères über 624 Kilometer am 25. Juni 1911 in Boulogne.

Die Mannschaft Werner/Sailer im Mercedes 2,0 Liter, mit welchem sie 1924 gegen harte Konkurrenz durch Alfa Romeo und Peugeot die Targa Florio gewannen.

Rechts: So sehen Siegertypen aus: Otto Salzer nach dem Semmering-Rennen 1924.

»Du musst abschätzen,
ob du ohne zu bremsen eine Kurve
schneiden kannst …«

Ein französischer Teilnehmer am Kaiserpreis-Rennen im Taunus, 1907

Den amerikanischen Verleger und Motorsport-Mäzen Gordon Bennett könnte man als Erfinder der Rennwagenfarben bezeichnen. In Briefen an die bedeutendsten Automobilclubs hatte er im November 1899 vorgeschlagen, der Automobile Club de France (ACF) als der älteste der Welt möge ein internationales Rennen ausrichten, eine Idee, die im Jahre 1900 auch verwirklicht wurde. Jeder Landesclub sollte die Nennung dreier Wagen abgeben, die zur Gänze in dem betreffenden Land gebaut worden sein mussten.

Nennungen trafen aus Frankreich, Belgien, Deutschland und den Vereinigten Staaten ein. Doch die favorisierten Dürkopp erschienen nicht am Start, und die Firma Benz hatte ihre Zusage zurückgezogen, weil sie »die Haltbarkeit unserer Pneumatiks bei hoher Geschwindigkeit« bezweifelte. So konnte sich im ersten internationalen Autorennen der Welt kein deutscher Teilnehmer platzieren.

Im Januar 1900 hatte man auch erwogen, den Wagen eine Unterscheidungsfarbe zu geben. Die französischen sollten blau, die deutschen weiß, die belgischen gelb und die amerikanischen rot lackiert werden. Es war dies nur ein Vorschlag, ohne dass er eine zwingende Vorschrift sein sollte.

Die Unterscheidungsfarbe Weiß sah man später auch bei Rennwagen anderer Nationen. Außerdem standen die Farben in den 1920er Jahren mitunter nicht für das Land, aus dem das betreffende Auto kam, sondern für die Nationalität seines Fahrers. Jetzt trugen die Fahrzeuge der Amerikaner weiß lackierte Karosserien mit einem blauen Chassis und eine blaue Nummer. Ebenfalls weiß waren Wagen aus Polen, mit einem roten Chassis und mit einem rundum verlaufenden roten Streifen. Gänzlich in Weiß traten nur die Deutschen auf, mit einer in Rot aufgemalten Renn-Nummer.

> Die Firma Benz zog ihre Nennung zurück, weil sie die Haltbarkeit der Reifen in Zweifel zog.

Die Farbe, mit der die Firma Daimler ihre Wagen ins Rennen schickte, wurde vom Werk als »Mattweiß mit einer Nuance von Elfenbein« bezeichnet. Nach 1904 soll das Weiß eher einen Hauch bläulich gewesen sein. Mit dieser Lackierung traten dann alle deutschen Autos in internationalen Rennen an, bis der Ausbruch des Ersten Weltkrieges die Sportaktivitäten – zumindest in Europa – erst einmal beendete.

Wie überall, nahm in Deutschland bald die Bedeutung lokaler Rennen zu, vor allem gab es zahlreiche Bergprüfungen, bei denen nicht gegen ein Rudel drängelnder und aggressiver Wettbewerber, sondern gegen die Stoppuhr gefahren wurde. Wie im Juni 1904 im Taunus, als die Deutschen an der Reihe waren, das Gordon-Bennett-Rennen auszurichten. Mercedes und Opel waren die einzigen deutschen Fabrikate am Start des 500-Kilometer-Events. Die Mercedes-Fahrer Jenatzy, de Caters, Braun und

Werner kamen auf den Plätzen 2, 4, 5 und 11 ins Ziel; mit einem gebrochenen Kardangelenk hatte der einzige teilnehmende Opel-Darracq schon nach knapp acht Kilometern aufgeben müssen.

Opel sorgte dafür aber bei dem berühmten Kaiserpreis-Rennen 1907 für Schlagzeilen. Es handelte sich um das bedeutendste Rennen, das vor dem Ersten Weltkrieg auf deutschem Boden organisiert wurde. Es war eine große Herausforderung für alle Beteiligten, als es am 14. Juni gestartet wurde und auf einem Straßenrundkurs wieder in den Taunus-Bergen über vier Runden – insgesamt 118 Kilometer – ging. Endlich hatte auch der deutsche Kaiser zur Kenntnis genommen, dass man das Automobilwesen nicht länger ignorieren konnte, stiftete einen Pokal und glänzte durch seine aller-gnädigste Anwesenheit.

Im Abstand von je einer Minute wurden 40 Wagen auf die Strecke geschickt. 92 Teilnehmer hatten sich gemeldet, doch den Organisatoren waren dies zu viele, weshalb es vorab ein Ausscheidungsrennen über zwei Runden gab.

»Die gesamte Strecke besteht nur aus Kurven«, berichtete ein erschöpfter französischer Rennteilnehmer nach dem Ausscheidungswettbewerb. »Von einer Biegung springst du zur nächsten und musst jedes Mal genau abschätzen, ob du ohne zu bremsen eine Kurve schneiden kannst und wo du wieder Gas geben musst. Keine 500 Meter geht es geradeaus, ja meist nicht einmal 200. Es ist so gefährlich, wie es gefährlicher gar nicht mehr sein kann!«

Unter den deutschen Mannschaften sei das Opel-Team geradezu »eine Offenbarung« gewesen, hieß es in einem Zeitungsbericht. Als Anerkennung für die Leistung, seinen Opel auf Platz Drei und als ersten deutschen Wagen über die Ziellinie gebracht zu haben, erhielt Carl Jörns aus der Hand des Kaisers dessen Pokal. Jörns war nur vier Minuten langsamer als der Sieger Nazzaro auf Fiat gewesen. Weit abgeschlagen platzierten sich die Mercedes-Fahrer Salzer und Jenatzy, die nur Neunter bzw. Vierzehnter wurden. Einem von ihnen hätte Seine Majestät den Pokal vermutlich lieber überreicht, zumal ein Mercedes-Sieg fest erwartet worden war …

Carl Jörns gewann auf einem Opel das Rennen um den Preis des deutschen Kaisers am 14. Juni 1907. Endlich hatte Wilhelm II. zur Kenntnis genommen, dass man das Automobilwesen nicht länger ignorieren konnte und glänzte durch seine gnädigste Anwesenheit.

Oben: Emil Mathis, 1921. Der Straßburger war nicht nur ein passionierter Rennfahrer, sindern auch erfolgreicher Automobilkaufmann.

Rechts: Alda Rennwagen von 1914, von denen drei am Rennen um den Großen Preis von Frankreich teilnahmen; gegen die starken Mercedes und Peugeot hatten sie allerdings keine Chance. Die von Fernand Charron gegründete Marka Alda existierte von 1912 bis 1920.

Mit ihrem ELFE genannten Zweizylinder-Cyclecar huschten im Mai 1921 diese beiden Gefahrenverächter in Rekordzeit (Schnitt: 79 km/h) von Paris nach Nizza.

Charles Chabreion am Steuer seines EHP-Rennwagens von 1921. Die Initialen standen für Etablissements Henri Précloux. Der Wagen war eine typisch französische Voiturette ihrer Zeit, angetrieben durch einen 903-ccm-Vierzylindermotor von Ruby.

»Langsamer, Rudi,
jetzt langsamer!
Wir haben schon alle überholt!«

Rudolf Caracciolas Beifahrer Heinrich Schulz, Avus-Rennen 1923

Der prominenteste deutsche Rennfahrer: Michael Schumacher? Sebastian Vettel? Nico Rosberg? Fragen Sie mal Ihren Herrn Papa. Oder Großvater. Die werden andere Namen parat haben, etwa Rudolf Caracciola. Wie dieser einstige deutsche Nationalheld sein Motorsportdebüt absolvierte, verzeichnete der Chronist Ernst Rosemann 1935 mit der folgenden Schilderung: » – 70, 75, 80, 85 km/h: wirklich fabelhaft! Nun ganz aufgedreht: sogar 92 km/h! Wie fliegen da die Bäume vorbei...«

Die vorbei fliegenden Bäume gewahrte der 19-jährige Rudi im Sattel einer 7 PS NSU, denn wie die meisten seiner zeitgenössischen Rennfahrer begann der Sohn eines Hoteliers aus Remagen am Rhein seine Karriere auf dem Motorrad. Siebzehn Jahre später absolvierte Caracciola mit 399,56 km/h einen Bestwert in der Weltrekordstatistik am Lenkrad eines Mercedes-Benz. Bis dahin war allerdings so mancher seiner Sportkollegen an einem »vorbei fliegenden Baum« verunglückt. 1933 überlebte er knapp einen Crash in Monaco.

In der von ihm 1939 selbst verfassten Biographie, also vier Jahre nach der des damals weithin bekannten Motorjournalisten Rosemann, schrieb Caracciola im Vorspann: »Ich glaube, dass jeder Mensch alles erreichen kann, was er will ... Ich wollte Rennfahrer werden von meinem vierzehnten Lebensjahr an ...«

Im Verlauf seiner Renn- und Rekordfahrerkarriere verzeichnete Otto Wilhelm Rudolf Caracciola 175 Erstplatzierungen, Bestzeiten und Rekorde. Er wurde drei Mal Europa- bzw. Alpenbergmeister, drei Mal Europameister und erzielte sechs Geschwindigkeits-Weltrekorde.

Caracciolas Erfolgsbilanz: 175 Erste Plätze, Bestzeiten und Rekorde

Caracciolas erstes Rundstrecken-Autorennen – bei welchem man damals noch einen Copiloten mitnehmen musste – absolvierte er 1923 auf der Berliner Avus mit einem Fabrikat, das heute kaum noch jemand kennt: Ego. Seine Erinnerung an das Training: »Ich drückte aufs Gaspedal, was die Wadenmuskeln hergaben, und der Tachometer schwankte auf 77 hinauf... und nach der sechsten Runde brüllte Beifahrer Schulz mir zu: Langsamer, Rudi, jetzt langsamer! Wir haben schon alle überholt! Ich ging auf 70 herunter, und so fuhren wir das Training zu Ende... das Öl war heiß geworden, es zischte aus den Ventilen...« Und im Rennen habe sein Mechaniker erst nach einer dreiviertel Runde bemerkt, dass man mit angezogener Handbremse unterwegs war, schrieb »Caratsch«, nachdem er die beste Zeit des Tages hingelegt hatte – mit seinem 24 PS schwachen Kleinwagen. Dessen Hersteller meldete ein Jahr später Konkurs an. Caracciola war um diese Zeit bereits Mercedes-Vertragsfahrer und blieb es – mit einer geringen Unterbrechung im Krisenjahr 1932 – bis zum Ausbruch des Zweiten Weltkrieges. »Sport ist ein Vergnügen – weiter nichts«, behauptete Ernst Rosemann in seiner 1935 erschienenen Caracciola-Hommage, obwohl er schon mitbekommen haben musste, dass Sport und ganz besonders der Motorsport längst ein Instrument nationaler Propaganda geworden war, vor allem in Deutschland. In Caracciolas 1939 erschienenem Buch »Mein Leben als Rennfahrer« finden sich die damals unvermeidlichen Bilder, auf denen ihm Hitler die Hand schüttelt und sich von ihm seinen Rekordwagen zeigen lässt. Rudolf Caracciola, Jahrgang 1901, verbrachte den Krieg im Exil in der Schweiz, deren Staatsangehörigkeit er 1946 annahm. 1952 versuchte er ein Comeback bei der Mille Miglia und wurde auf einem Mercedes-Benz 300 SL Vierter. Im gleichen Jahr beendete er nach einem Unfall auf dem Schweizer Bremgarten-Kurs seine Karriere.

Caracciola verstarb 1959; beerdigt hat man ihn auf dem Friedhof von Lugano-Castagnola. Bäume fliegen da nicht vorbei; sie verharren wo sie sind und spenden Schatten.

Rudolf Caracciola im Mercedes-Benz SSKL, mit dem er 1931 die Mille Miglia gewann; für die 1635-Kilometer-Strecke benötigten er und sein Copilot Wilhelm Sebastian 16 Stunden und 10 Minuten.

»Die letzten Runden war Bernd mit zerrissenen, blutenden Händen gefahren ...«

Elly Beinhorn, Ehefrau des Rennfahrers Bernd Rosemeyer, Vanderbilt Cup Race 1938

Viele Amerikaner wurden herb enttäuscht. Da hatten sie nun in Long Island im Oktober 1936 eine nagelneue Rennstrecke – erbaut mit finanzieller Unterstützung durch den Multimillionär Vanderbilt – einweihen und mit einem Triumph amerikanischer Rennwagentechnik feiern wollen, und dann stahlen ihnen die Europäer auf der ganzen Linie die Show. Tazio Nuvolari auf Alfa Romeo, Jean-Pierre Wimille auf Bugatti sowie Antonio Brivio und Raymond Sommer ebenfalls auf Alfa Romeo und der Brite Freddie McEvoy (genannt Suicide Freddie) auf Maserati räumten beim 300-Meilen-Eröffnungsrennen am 12 Oktober 1936 die Pokale ab.

»Die Amerikaner gaben dieser Enttäuschung unverhohlen Ausdruck«, schrieb der Redakteur Ludwig Richter in der Automobiltechnischen Zeitschrift, »und begannen, sich mit den Ursachen der Niederlage zu beschäftigen, die bei deutscher Beteiligung noch viel ärger ausgefallen wäre!«

Ihre noch ärgere Niederlage erlebten die Amerikaner beim nächsten Rennen um den Vanderbilt-Pokal im Juli 1937, denn dieses Mal waren die Deutschen tatsächlich angetreten. Der 28-jährige Bernd Rosemeyer auf einem Auto Union qualifizierte sich als überlegener Sieger mit einem Temposchnitt von 132,865 km/h, dicht gefolgt von Dick Seaman auf Mercedes-Benz. Auch die nachfolgenden vier Fahrzeuge gehörten den Auto Union- bzw. Alfa-Romeo-Equipen an. Ausgefallen war Rudolf Caracciola, nachdem er mit 136 km/h die beste Tageszeit absolviert hatte, und Nuvolaris Rennwagen war das Opfer eines Feuers geworden.

Mochte der sympathische Sieger namens Bernd Rosemeyer auch die Herzen Tausender Amerikaner erobert haben – doch dass der »American Grand Prix« ins Ausland ging, empfanden sie als große Enttäuschung. Warum waren ihre fabelhaften Offenhauser-Rennwagen denen der Europäer unterlegen? Der Kalifornier Rex Houston Mays hatte sich nur den dritten Platz sichern können.

Der völlig erschöpfte Rosemeyer war bei der Siegerehrung eingeschlafen. »Die letzten Runden war er mit zerrissenen, blutenden Händen gefahren«, schrieb seine Ehefrau Elly Beinhorn (die berühmte Langstreckenpilotin war mit ihrer Privatmaschine über den Atlantik geflogen, um Bernd siegen zu sehen) in ihrem Buch »Mein Mann, der Rennfahrer«. Sein Triumph in den USA sei, was die öffentliche Anerkennung betraf, der größte Erfolg ihres Mannes gewesen. Diese Anerkennung wurde Rosemeyer vor allem in seinem Heimatland zuteil, wo die Machthaber den Automobil-Rennsport längst als Instrument nationalsozialistischer Propaganda für sich entdeckt hatten. Rosemeyer konnte sich nicht dagegen wehren, dass Heinrich Himmler ihn zum Sturmbannführer der SS ernannte; eine fragwürdige »Ehrung«. Zu den politischen Zielen des Nationalsozialismus hat er sich nie bekannt.

Bernd Rosemeyer stellte auch mehrere Geschwindigkeitsrekorde auf und löste damit Hans Stuck ab, der vor ihm diverse Rekorde für die Auto Union errungen hatte. Rosemeyer erzielte als Erster auf einer normalen Verkehrsstraße ein Tempo von über 400 km/h. Das war am 25. Oktober 1937, als er auf der Autobahn bei Mörfelden (Frankfurt-Darmstadt) den Kilometer mit fliegendem Start mit 406,30 km/h und die Meile mit 406,28 km/h schaffte.

Die Rivalität zu Rudolf Caracciola und sein Ehrgeiz, stets der Bessere sein zu wollen, kosteten Bernd Rosemeyer das Leben. Bei einem weiteren Rekordversuch am 28. Januar 1938 auf der Autobahnstrecke Frankfurt-Darmstadt, wo Mercedes-Benz sich für die im vergangenen Oktober eingesteckte Niederlage revanchieren wollte, verunglückte Rosemeyer bei 440 km/h, als sein Fahrzeug von einer starken, seitlich auftreffenden Böe erfasst wurde und sich mehrmals überschlug. Er war auf der Stelle tot. Ob auch andere Faktoren das Unglück bewirkt haben könnten, beschäftige Wissenschaftler und Laien noch Jahrzehnte später.

1935 war Rosemeyer in die Grand-Prix-Werksmannschaft der Auto Union aufgenommen worden, nachdem er sich bei einem Qualifying für Nachwuchstalente auf der Nürburgring-Südschleife als guter Fahrer auf dem großen Sechzehnzylinder erwiesen hatte. Ihm wurde eine brillante Karriere vorhergesagt; bereits 1936 avancierte er mit einer eindrucksvollen Liste von Erfolgen zum Europameister: Sieben Erstplatzierungen, je ein zweiter, ein vierter und ein fünfter Platz.

Am 13. Juli 1936 hatte Bernd Rosemeyer die deutsche Sportfliegerin Elly Beinhorn geheiratet; sie bildeten geradezu ein »Traumpaar«, dessen Beliebtheit für die Medien viel Stoff hergab. Zu fast allen Rennen, die er bestritt, wurde Bernd von Elly begleitet, auch hatte sie ihrem Ehemann das Fliegen beigebracht.

Idole und nationale Leitfiguren der Dreißiger Jahre: Elly Beinhorn als Fliegerin und ihr Ehemann Bernd Rosemeyer als Grand-Prix-Rennfahrer.

»Den Achtzylindermotor des Alfa Romeo baute ich bis zur letzten Schraube nach …«

Donald Healey, Schöpfer einer Sportwagen-Ikone, 1984

Zu den britischen Sportwagenklassikern zählen Healey und Austin-Healey seit Anbeginn. Beide Marken genießen Kultstatus. Durch Donald Mitchell Healey kam auch das nicht allzu bedeutende Seebad Perranporth an der Küste Cornwalls zu Berühmtheit. Donalds Eltern betrieben im Ortszentrum einen Gemischtwarenladen.

Bei der kleinen Flugzeugfabrik Sopwith in Kingston-upon-Thames absolvierte Donald Healey, geboren am 3. Juli 1898, seine Ausbildung zum Mechaniker, und 1916 erwarb er seine Fluglizenz bei der Royal Air Force. Das Abschießen feindlicher Zeppeline war Gegenstand seines ersten Einsatzes, wobei den erst 18-Jährigen das Ungemach widerfuhr, versehentlich von der eigenen Heimatwehr unsanft vom britischen Himmel geholt zu werden.

Welchem Autokonstrukteur wurde zum Gedenken von seinen Fans schon ein Kirchenfenster gestiftet?

Wegen der daraus resultierenden Verwundung heimgeschickt, nahm Healey Fernunterricht in Automobiltechnik und eröffnete 1919 eine Tankselle mit Werkstattbetrieb in seinem Heimatort. Auch baute er Radioapparate. Seinem Betrieb schloss er 1922 eine Mietwagenfirma an. 1924 übernahm er die Vertretung für Triumph-Automobile und begann sich an motorsportlichen Wettbewerben zu beteiligen. Der Triumph 1,4 Liter 10/20 hp war ihm aber nicht schnell genug, deshalb bestritt er seine ersten Rennen auf (geliehenen) Fiat und Rover, bevor er 1931 auf einem Invicta die Rallye Monte-Carlo gewann. Auch siegte er sechs Mal in der traditionellen, auch heute noch veranstalteten Zuverlässigkeitsfahrt über 264 Meilen (425 Kilometer) von London nach Lands End am südwestlichsten Zipfel von Cornwall.

Anfang 1934 wurde Donald Healey Motoreningenieur bei der Firma Triumph in Coventry, mit deren Fahrzeugen er bis 1937 vier weitere Male die Rallye Monte-Carlo bestritt. Bei Triumph entstanden in seiner Regie die Sportwagenmodelle Dolomite Eight und Gloria. Sein großes Vorbild war Alfa Romeo. Und gegen die Italiener wollte er im Motorsport antreten. Also musste er ein Auto an den Start bringen, das den Italienern ebenbürtig war – »und das ließ sich nur erreichen, indem wir sie kopierten. Also baute ich den Alfa Romeo Achtzylindermotor bis zur letzten Schraube nach. Vorher hatte es bei Triumph ja noch nie einen echten Rennmotor gegeben«, so zitierte ihn Hemming's Motor News in der Aprilausgabe 2006.

Nach dem Kriege machte sich Healey erneut selbständig. 1946 gründete er in Warwick mit seinen Söhnen die Donald Healey Motor Co. Ltd. und begann mit der Herstellung von Zweisitzern, die unter dem Markennamen Healey verkauft wurden. Auf vielen Rundstreckenrennen holten sich Healey Sportwagen beste Platzierungen. In der Targa Florio 1950 belegte ein Healey unter 185 Teilnehmern den 16. Rang.

Rallye Monte-Carlo 1929. Donald Healey (Pelzkragen) neben seinem Triumph. Doch als Sieger konnte er sich erst 1931 feiern lassen – auf einem Invicta.

1950 entstand bei der Donald Healey Motor Company in Warwick der Silverstone-Roadster, der in 150 Exemplaren gebaut wurde. Auch Cabriolets und Limousinen stellte man her, und 1952 erschien der erste Healey 100 mit Austin-Motor. Für die Chassiskonstruktion zeichneten Healeys Sohn Geoffrey und dessen Kollege Barry Bilbie verantwortlich; den Aufbau entwarf Gerry Coker.

Die Legende stellt es so dar, dass Donald Healey und Leonard Lord, Generaldirektor der Firma Austin, sich einen Tag vor der Eröffnung der London Motor Show 1952 trafen und überein kamen, den neuen Zweisitzer quasi über Nacht in »Austin-Healey« umzubenennen. Es hieß, die Entscheidung, einen solchen Wagen ins Austin-Programm zu nehmen, habe Lord spontan getroffen. Wahrscheinlicher ist, dass Healey und Lord schon früher diese Übereinkunft getroffen hatten, denn bei Austin war man auf der Suche nach einem Sportwagen, um gegen Jaguar antreten zu können, und Healey war für seine Autos auf der Suche nach einem Hersteller mit Serienkapazitäten. Die Zusammenarbeit mit Austin erstreckte sich auf die Fortentwicklung des Sportwagens zum Austin-Healey 3000 und des kleinen Sprite; die Kooperation erwies sich als sehr erfolgreich und endete erst 1970. Donald Healey ging danach zur Jensen Motors Ltd. und wurde dort Vorstandschef.

Anschließend begab sich Healey in den Ruhestand und war ein gefragter Berater der Branche. Er starb am 13. Januar 1988 als 89-Jähriger in seinem Heimatort Perranporth. Der gemütlich wirkende und meist mit einem zuversichtlichen Lächeln dreinblickende Mann dürfte zu den wenigen Autokonstrukteuren gehören, denen zu Ehren ein Kirchenfenster gestiftet wurde. Es befindet sich in der St. Michael's Church zu Perranporth.

Oben: Mit einem 1926er Renault 9,1 Liter 40 CV stellten Plessier und Garfield in Montlhéry einen neuen 24-Stunden-Weltrekord auf. Ihr Schnitt: 173 km/h.

Rechts: Tommy Milton am Lenkrad seines Indianapolis-Rennwagens, 1921. Er wurde Sieger; 14 von 23 Startern hattebn aufgeben müssen. Milton war der Erste, der das 500-Meilen-Rennen zwei Mal gewann.

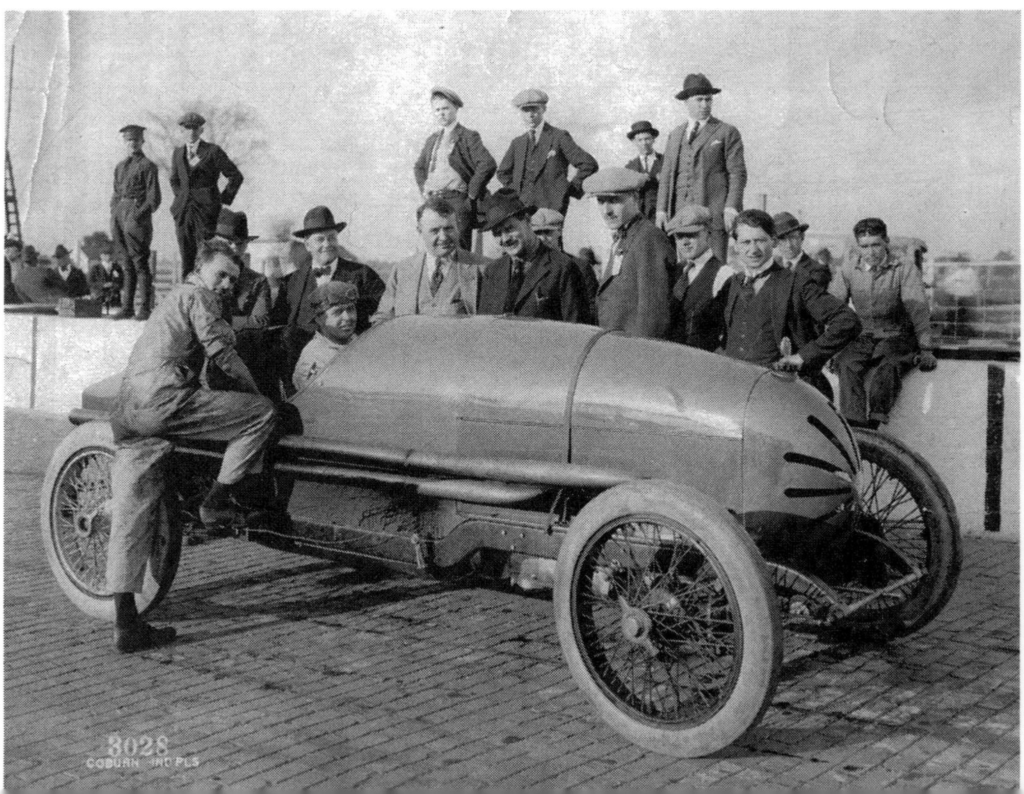

Oben: Mit einem SPA bestritt Ernesto Ceirano 1908 die Targa Florio. Er kam als Dritter nach einem Isotta-Fraschini und einem Fiat ins Ziel des harten 445-Kilometer-Rennes auf den weitgehend unbefestigten Bergstraßen Siziliens.

Rechts: Mercedes Targa-Florio-Rennwagen, Siegerfahrzeug von Christian Werner, 1924. Von 36 Startern waren 20 ausgefallen; als weitere Mercedes-Werksfahrer qualifizierten sich Lautenschlager und Neubauer auf den Plätzen 9 und 13.

»Wettkämpfe mit Automobilen verursachten bei mir eine Gänsehaut ...«

Commendatore Enzo Ferrari, Italiens berühmtester Rennwagenbauer, 1979

Anschaulich hat Enzo Ferrari in seiner Biografie geschildert, wie er als zehnjähriger Schulknabe im Sommer 1908 sein erstes Autorennen erlebte, das Felice Nazzaro vor einem Fahrer namens Vincenzo Lancia gewann. Nicht weniger faszinierte ihn ein zweites, ausgetragen im 1909 auf der staubigen Landstraße zwischen Modena und Ferrara, auf der Geraden von Navicello. »Vor dem jeweiligen Durchgang der einzelnen Klassen besprengten Männer mit Eimern und Fässern die staubige Strecke mit Wasser... Die Wettkämpfe mit Automobilen verursachten bei mir eine Gänsehaut!« Der gruselige Schauer einer Gänsehaut angesichts so gefährlich daherbrausender, Staub aufwirbelnder Motorwagen be- wog den jugendlichen Enzo eine Zeit lang, lieber Opernsänger oder Zeitungsreporter zu werden. »Aber ich hatte weder Gehör noch Stimme«, gab er später zu, »und auch der Reportertraum verlor sich im Sande ...«

Als Zehnjähriger erlebte Enzo Ferrari sein erstes Autorennen. Aber noch wollte er Opernsänger werden.

Also doch eine Karriere als Rennfahrer? Gänsehaut hin oder her – Rennfahrer galten als nationale Idole, als Helden und todesmutige Kämpfer. Nur – bis Enzo sich als einen der ihren bezeichnen konnte, bedurfte es einiger Umwege.

»Ich hoffe, bis zu meinem letzten Tag arbeiten zu können«, schließt seine Biografie. »Ich habe nie gehasst und kenne weder Groll noch Neid ... aber ich glaube nicht, dass ich mein Leben, ein mühevoller Weg, noch einmal leben möchte. Ungern würde ich in eine Welt zurückkehren, in der Menschen nach ihrer Gesinnung und nicht nach ihrer Leistung beurteilt werden...« Nach einem an Ereignissen sehr reichen Leben fühle er sich allein und beinahe schuldig, alles überlebt zu haben... »Ich fühle mich abgetrennt von dieser ausgedörrten Welt ...«

Man versteht diese Worte, wenn man weiß, dass Enzo Ferrari 1956 seinen geliebten Sohn Alfredo, genannt Alfredino oder auch nur Dino, verloren hatte. Der 24-Jährige war an Muskeldystrophie gestorben. Seinem Angedenken zu Ehren erhielten einige Rennsportwagen der Marke Ferrari (und später auch Fiat) den Beinamen »Dino«. Enzo wurde am 18. Februar 1898 in Modena als Sohn eines Eisenwarenproduzenten geboren. Als junger Kriegsheimkehrer bewarb er sich im Herbst 1918 bei Fiat als Testfahrer, wurde jedoch abgewiesen. Nach längerer Wartezeit bekam er endlich einen Job bei einer Turiner Firma, die aus Teilen ausgedienter Militärflugzeuge Automobile zusammenbaute. Bald darauf wechselte er zur Costruzioni Meccaniche Nazionale (C.M.N.) in Mailand; hier sammelte Ferrari seine ersten Erfahrungen im Motortuning. Bei seinem ersten Bergrennen auf den Poggio di Berceto errang er am Lenkrad eines C.M.N. den vierten Platz. Gemeinsam mit Ugo Sivocci nahm Ferrari 1919 auch

an der Targa Florio in Sizilien teil, sie wurden Neunte. Ein Jahr später erhielt Ferrari eine Anstellung in der Rennabteilung der Firma Alfa Romeo, woraus eine lange Zusammenarbeit resultierte.
Als Enzo Ferrari 1923 auf einem Alfa Romeo den Großen Preis von Ravenna gewann, lernte er die Eltern Francesco Baraccas kennen; ihr Sohn war im Krieg über Montello abgeschossen worden. Das Wappen des Fliegerhelden Baracca, ein schwarzes, sich aufbäumendes Pferd auf gelben Grund, übernahm Ferrari fortan für seine Alfa Romeo Fahrzeuge als symbolischen Glücksbringer.
1925 eröffnete Ferrari in Modena eine Alfa Romeo-Vertretung. 1927 gab es für ihn zwei Siege und den Ehrentitel »Commendatore«. In Modena wurde am 1. Dezember 1929 auch die Scuderia Ferrari ins Leben gerufen, die fortan die rennsportlichen Aktivitäten der Firma Alfa Romeo wahrnahm. Die Liaison hielt bis 1938, als man sich sträubte, Ferraris Absicht zu unterstützen, den deutschen Grand-Prix-Favoriten Mercedes und Auto Union ein wirksames Fahrzeug entgegenzustellen. Aus politischen Gründen wollte man die Dominanz des deutschen Bündnispartners erhalten. Nach elf Jahren und neun Siegen beendete Ferrari seine aktive Rennfahrerkarriere.
Der zu einem Nationalhelden aufgestiegene Commendatore verstarb am 14. August 1988 in seiner Geburtsstadt Modena. Die von ihm gegründete Scuderia Ferrari gehört mit 15 Fahrer- und 16 Konstrukteurs-Weltmeisterschaften zu den erfolgreichsten Formel-1-Teams der Motorsportgeschichte, und die Autos mit dem Markenzeichen des cavallino rampante zählen zu den begehrtesten unserer vielleicht doch nicht ganz ausgedörrten Welt.

Enzo Ferrari am Lenkrad eines C.M.N. (Targa Florio 1919). Die in Mailand gegründete Marke existierte von 1919 bis 1923.

Grand Prix Monaco, 1950. Am Ausgang des Straßentunnels gab es eine Massenkarambolage, in die insgesamt zehn Fahrzeuge verwickelt waren. Durch überschwappende Wellen aus dem Hafenbecken war die Fahrbahn plötzlich nass geworden ... Fangio auf Alfa Romeo entkam unbeschadet: er gewann das Rennen.

Prescott Hillclimb, Ostern 1935. Ein Bugatti Typ 35 im Powerslide.

Redex Rallye, Australien 1954. Die einheimische GM-Marke Holden war selbstverständlich immer stark vertreten; sie existierte bis 2020.

Stock Car Rennen in Pietermaritzburg, Südafrika, 1959. Sicherheitskäfige waren Pflicht, nirgendwo durfte Glas vorhanden sein.

André Nagel war der Einzige von 63 Teilnehmern, der zur Rallye Monte-Carlo 1912 in St. Petersburg gestartet war. Sein Auto war ein Russo-Balt.

Brooklands-Rennen 1932: Ein Lagonda 2-Litre im Baustelleneinsatz am Streckenrand – mit verminderten Chancen auf einen Sieg ...

Singer Roadster, 1935. Die Rallies des Vintage Sports Car Club in England waren alles andere als Spazierfahrten.

»Jeder Affe kann mit den heutigen Formel-Eins-Autos fahren!«

Niki Lauda, dreimaliger Grand-Prix-Weltmeister, 1990

Im Alter von 15 Jahren erwarb Nikolaus »Niki« Lauda sein erstes Auto, einen Volkswagen, mit dem er zugegebenermaßen »viel Unsinn« anstellte, und mit 19 fuhr er sein erstes Rennen auf einem Mini Cooper, bevor er Formel-Drei-Fahrer wurde. Anschließend bestritt er zahlreiche Wettbewerbe auf Porsche und BMW Tourenwagen. Sein Einstieg in die Formel Eins vollzog sich am 15. August 1971 bei March-Ford, danach fuhr er für BRM und ab 1974 schließlich für Ferrari. Lauda errang seinen ersten Formel-Eins-Sieg beim Großen Preis von Spanien, und im Jahr darauf wurde er auf Ferrari Weltmeister. Eine Superkarriere. Ganz Österreich war stolz auf ihn – die Italiener waren es natürlich ebenfalls.

Der am 22. Februar 1949 in Wien geborene und am 20. Mai 2019 verstorbene Schnellfahrer Nikolaus war seit Anbeginn ein kluger Taktiker. Auch erwies er sich gegenüber den Medien als stets gesprächsbereiter Interviewpartner; dabei war er um griffige Sprüche nie verlegen. »Ich habe immer gesagt, jeder Affe kann mit den heutigen Formel-Eins-Autos fahren – also auch ich«. Oder: »Der Mensch ist bereit, alles Mögliche zuzugeben – nur dass er ein schlechter Autofahrer ist, das gibt niemand zu!« Diese Erkenntnis betraf ihn ja auch nicht selbst.

In der ersten Hälfte der Saison 1976 war Lauda allen seinen Konkurrenten erneut überlegen, doch im Rennen um den Großen Preis von Deutschland verunglückte er und erlitt starke Verbrennungen. Sekunden später – und eine Rettung wäre vergebens gewesen... In seinem Gesicht markierten sich bleibende Spuren des Desasters. Sein Kommentar: »Nachdem ich in meinem Beruf nur vom rechten Fuß lebe, ist es mir egal, wie ich aussehe« – und bereits sechs Wochen später bestritt Lauda in Monza sein nächstes Rennen. 1977 wurde er ein zweites Mal Weltmeister, 1984 zum dritten Mal. Mit dem Ende der Saison 1985 stieg er aus dem Rennsport aus und begründete diesen Entschluss, er habe die Erkenntnis gewonnen, dass es im Leben Wichtigeres für ihn gäbe, als immer nur im Kreis herumzufahren.

Zum Beispiel fliegen. 1979 hatte Lauda, selbst ein passionierter Pilot, die private Luftlinie Lauda Air gegründet, die 2003 ein Teil der Austrian Airlines Group wurde. Zuletzt nutzte man die Bezeichnung Lauda Air nur mehr als Vertriebsmarke ohne eigenen Flugbetrieb. Zum Sommerflugplan 2013 wurde die Marke endgültig aufgegeben.

Dem Motorsport hatte der Mann mit der roten Kappe 1985 keineswegs endgültig den Rücken gekehrt. Von 1993 bis 1995 war er als Berater für Ferrari tätig, und 2001–2002 leitete er das britische Jaguar-Formel-Eins-Team. Es lag nicht an ihm, dass die Briten im Grand-Prix-Geschäft weniger erfolgreich waren als in anderen Kategorien. »Wenn es für uns ein Problem gibt, dann ist es der riesige Vorsprung von Ferrari und McLaren«, sagte Lauda in einem ams-Interview, als er über Jaguars Chancen im Grand Prix befragt wurde. »Die gibt es schon seit Jahrzehnten, während das von Jackie Stewart in Privatinitiative gegründete

Eddie Irvine (links) und Niki Lauda: Von ihrem Engagement für Jaguar Racing 2000-2002 hatten sie sich mehr erhofft.

Team erst seit drei Jahren zu Jaguar gehört. Diese Hürde nimmst du nicht im ersten Anlauf…«
In weiteren Anläufen klappte es ebenso wenig. Die Geschichte des Jaguar-Teams war geprägt von technischen Pannen, häufigem Personalwechsel, immer neuen Direktoren; auch bei den Fahrern herrschte Fluktuation. Laudas Befugnisse waren zu sehr eingeschränkt, als dass er dieses Karussell hätte stoppen können.
In fünf Jahren bewegten acht Piloten in 85 Rennen die etwas zu langsamen und störungsanfälligen Jaguar-Renner. 170 Starts, zweimal ein dritter Platz: Mehr war nicht zu holen. Alles andere als eine strahlende Bilanz. Laudas Ansicht, dass selbst ein Affe einen Formel-Eins-Wagen fahren könne, mag seinen Sinn für Wiener Schmäh (so bezeichnen Österreicher gelegentlich das, was andere Humor nennen) zum Ausdruck gebracht haben, denn Eddie Irvine, Mark Webber oder Pedro de la Rosa dürften jedem noch so gelehrigen Schimpansen aus Laudas Satire-Zoo überlegen gewesen sein – dennoch blieben sie chancenlos.
Besonders in Eddie Irvine hatte Rennchef Lauda hohe Erwartungen gesetzt. Der Mann aus Nordirland, der bis dahin immerhin 25 Mal auf dem Podium zu sehen gewesen war, hatte sich 2001 vor allem beim Großen Preis von Monaco noch etwas mehr versprochen – wenngleich ein dritter Platz ja schon ein besseres Resultat war, als Pessimisten prophezeit hatten. »Beim Start dachte ich: eigentlich wäre diesmal ein Platz auf dem Treppchen drin... Aber ich war dennoch davon überzeugt, dass wir noch immer ein paar Chancen hätten. Schade, dass einige Medialeute unsere Anstrengungen so wenig honorierten und nicht begriffen hatten, welch enormer Herausforderung sich Jaguar stellte …«

Carrera Panamericana 1953, die überzeugende Leistungsschau des neuen Mercedes-Benz 300 SL Flügeltürers.

Ford Escort 1977. In den Jahren von 1969 bis 1980 war der Escort Favorit in zahlreichen Rallyes, eingesetzt von Werks- wie Privatteams.

Radwechsel ohne Wagenheber – geht doch! (BMW 700, Nürburgring 1962)

Die Camel Trophy war eine Rallye mit Expeditionscharakter. Sie wurde 1980 von der Zigarettenmarke Camel ins Leben gerufen und fand jährlich in einem anderen Land statt. Offroad begann »fashionable« zu werden.

...wir fürchten weder Stumpf noch Stiel, denn der Weg ist unser Ziel

Marschall Philippe Pétain, Oberbefehlshaber der Armee Frankeichs, mit Begleitung bei einem Besuch der Vogesen, 1929. Elf Fahrgäste sind für den Peugeot-Raupenschlepper kein Problem.

Croisiére Jaune, 1931-32. Mit sechs Halbketten-Fahrzeugen unternahm Citroën eine Asien-Expedition. die von Beirut nach Peking führte und viel Aufsehen erregte.

Jordan 1923. Die 1916 in Cleveland, Ohio (USA) gegründete Jordan Motor Car Company existierte 15 Jahre und erwarb sich einen Namen für ihre solide gebauten Fahrzeuge. Erst waren sie mit Sechszylinder-, ab 1925 auch mit Achtzylindermotoren bestückt. Die Autos waren hervorragend verarbeitet, mit Mahagoniholz und feinem Leder im Interieur und einem Lackfinish, dessen Qualität weit über dem Durchschnitt lag.

Oben: Francis Bartles bei Antritt seiner Australien-Durchquerung, 1913.

Touristen vor dem Start zu einem Ausflug nach Bunmahon, Irland, 1906. Links in Renault, rechts ein Daimler.

Sightseeing-Bus,1915. Skagway ist eine Stadt im Südosten Alaskas, die an der Kreuzfahrtroute durch die Inside Passage liegt. Die Gebäude stammen aus den Jahren des Goldrauschs.

Unten: Besucher der Metropole New York auf Stadtrundfahrt, 1906.

»Sich einer Pferdekutsche zu bedienen, wäre für mich undiskutabel gewesen!«

Charles Stewart Rolls, britischer Motorwagenpionier und Aviatiker, 1896

Britische Patrioten – und welcher Brite besönne sich nicht gern auf seinen Patriotismus – wussten schon vor mehr als einhundert Jahren, wem sie das vermeintlich beste Automobil der Welt zu verdanken haben: nämlich den Gentlemen Charles Stewart Rolls und Frederick Henry Royce. Die Herren hatten 1904 zueinander gefunden, um ihre Anstrengungen und Fähigkeiten im Bau und Vermarkten hochklassiger Motorwagen zu bündeln; ein Vorhaben, dessen Umsetzung schon so häufig beschrieben worden ist, dass darauf hier nicht allzu ausführlich eingegangen werden muss.

Charles Stewart Rolls, geboren 1877, Sohn von Lord Llangattock, hatte die Schule in Eton und die Universität von Cambridge besucht; seine Vermögensverhältnisse erlaubten ihm ein recht sorgenfreies Leben. Er besaß ein Haus im Londoner Nobelviertel Kensington und widmete sich dem Motorsport, ehe er 1903 mit einem Partner namens Claude Johnson den Import französischer Automobile aufzog. Sie vertraten die Marken Mors und Panhard-Levassor, Ende 1903 kam das belgische Fabrikat Minerva hinzu.

Der Rennfahrer, der auch im Flugsport einer der Besten sein wollte

Rolls war seit seiner Jugend ein begeisterter Radrennfahrer gewesen, und ein besonders schneller obendrein. Von ihm wusste Lord Montagu of Beaulieu zu erzählen, mit welcher Überlegenheit der junge Aristokrat 1895 das Coat and Waistcoat Race gewann, bei dem es darauf ankam, dass die Fahrer im feinen Anzug das Rennen bestritten: »Nach der ersten Runde stieg Mr. Rolls ab, entledigte sich des Jacketts und hängte dieses an einen Zaunpfahl am Wegesrand. Am Ende der zweiten Runde fand er Zeit genug, um auch die Weste abzulegen, mit welcher er den gleichen Pfahl dekorierte. Nach Beendigung der dritten Runde stoppte er erneut, um die Kleidungsstücke wieder anzulegen, damit er die vierte und letzte Runde als Sieger im angemessenen Habit absolvieren konnte.«

Am berühmten Emancipation Run, der Motorwagen-Jubelfahrt von London nach Brighton im November 1896, gedachte Rolls mit einem Peugeot teilzunehmen. Infolge eines Achsschadens, der auf dem Wege von Cambridge zum Startplatz am Londoner Hyde Park auftrat und einen Überschlag des Autos zur Folge hatte (die Insassen waren mit dem Schrecken davongekommen), sah sich Rolls an der Teilnahme verhindert. »Ich verbrachte die Nacht stattdessen in einer winzigen, fensterlosen Gasthauskammer,« berichtete er seinem Vater, »und nächstenstags absolvierten wir die Weiterfahrt mit der Eisenbahn. Sich einer Pferdekutsche zu bedienen, wäre für mich undiskutabel gewesen!«

Wie Charles Stewart Rolls machte auch sein späterer Partner Frederick Henry Royce unliebsame Erfahrungen mit französischen Automobilen. Gemeinsam gedachten sie deshalb Fahrzeuge auf die Räder zu

Charles S. Rolls am Lenkrad seines Rolls-Royce Sechszylinders, mit welchem er 1906 auf der Isle of Man die Tourist Trophy gewann. Ein triumphaler Erfolg für die junge Marke.

stellen, deren mechanische Zuverlässigkeit einen bis dahin noch nie erreichten Standard aufweisen sollte; ein hohes Ziel. 1896 gab es nur wenige im eigenen Lande fabrizierte Motorwagen.

Am Lenker verschiedener – zunächst noch immer französischer – Autos beteiligte sich Rolls an diversen Rennen. so wie an jenem von Paris nach Berlin 1901. Das Rennen um die Tourist Trophy auf der Isle of Man gewann er 1906 immerhin mit einem Sechszylinder des inzwischen gegründeten Fabrikats Rolls-Royce – ein triumphaler Erfolg. Rolls war der beste Promotor für junge die Marke, die jetzt auch seinen Namen trug.

Rolls' Leidenschaft galt ferner dem Ballonflug und der Aviatik. Im Juni 1910 flog er mit einem in Frankreich gebauten Wright-Doppeldecker in beiden Richtungen über den Ärmelkanal.

Seine aeronautische Passion wurde ihm indes zum Verhängnis: Am 12. Juli des gleichen Jahren stürzte er mit seiner Maschine bei einem Kunstflugmanöver aus niedriger Höhe ab; eine Tragfläche hatte einen Signalmast berührt. Rolls war der erste britische Pilot, der in der Ausübung seines Sports ums Leben kam. Sein Partner Royce hat, soweit bekannt, seinen Fuß niemals in einen Aeroplan gesetzt; er glaubte Grund zur Annahme zu haben, dass Flugapparaten weniger zu trauen sei als von ihm konstruierten Automobilen.

»Wird vielleicht an einem Abgrund ein Reifen platzen und dem Chauffeur das Steuer aus der Hand gerissen werde?«

Eugen Diesel, Schüler, 1905

Chauffeur Burgmaier kurbelte den Motor des Automobils an. Der schwer beladene Wagen begann sich zu bewegen. »Wir wollten ohne ausgearbeiteten Plan nach Südwesten über Lindau der Schweiz entgegen ins Blaue reisen. Doch was mag sich auf dieser Reise alles ereignen? Wird es der Wagen schaffen? Wird vielleicht an einem Abgrund ein Reifen platzen und dem Chauffeur das Steuer aus der Hand gerissen werden?«

Die Beschreibung dieses Reisebeginns im Jahre 1905 und was sich im Verlauf der Exkursion alles zutrug, nachdem die Familie Diesel sich ihrem nagelneuen roten Daimler-Wagen anvertraut hatte, kann man in einem der zahlreichen Bücher nachlesen, die Eugen Diesel verfasst hat. Von der Kunst des Schreibens verstand er ebenso viel wie sein Vater Rudolf vom Maschinenbau, also eine ganze Menge.

Respekt vor der rätselhaften Automobiltechnik brachte mehr als vierzig Jahre später auch der Schriftsteller Otto Willi Gail zum Ausdruck. »Mein Gott, darin soll man sich auskennen? Da seufzen viele Menschen niedergeschlagen: Das lerne ich niemals!« Doch Herr Gail ermahnte sie: »Wer seinen Wagen misshandelt, weil er von den inneren Vorgängen im Motor und im Getriebe keine Ahnung hat, wird auch den besten Luxuswagen bald zu Alteisen verarbeitet haben. Sitzt aber ein sachkundiger und besonnener Fahrer am Steuer, so wird auch das kleinste Fahrzeug unglaublich lange Zeit seine Dienste tun. Aber viele Leute werfen scheue Blicke auf Schalthebel und Pedale, Manometer und Kontrolllämpchen, auf das Gewirr von Rohren, Kabeln und Schrauben …«

Um bei den Aufzeichnung des Schülers Eugen Diesel zu bleiben, sei aus dessen Reisetagebuch eine weitere Passage herausgegriffen, deren Niederschrift auch in der Gegenwart hätte erfolgen können: »Wir waren von anderen Automobilisten gewarnt worden, vor den Toren von Genf befände sich eine unbarmherzige Autofalle: jeder auswärtige Wagen würde systematisch angehalten und ihm eine Geldbuße abgenommen...« Und tatsächlich: »Aus einer Polizeiwache sprangen zwei Polizisten vors Auto, mein Vater wurde in die Wachstube zitiert, und es war eine Summe in beträchtlicher Höhe zu erlegen. Der Hinweis, wir seien doch nur im Schritttempo gefahren, wurde mit Achselzucken quittiert: Nur die Polizei habe zu bestimmen, was schnell und was langsam sei …«

»Ein Durcheinander rasender Kurbelwellen, blinkender Signallichter und funkender Zündkerzen«

Fürs Kassieren besonders hoher Geldbußen beim Übertreten von Vorschriften ist die Schweizer Autobahngendarmerie auch heute noch bekannt. Doch es ist nicht zu befürchten, dass ihre Vertreter vors Auto springen; die Grundlage für auferlegte Strafen stellen elektronisch und mit Schweizer Präzision arbeitende Gerätschaften dar.

Otto Willi Gail gibt auf den letzten Seiten seiner 1948 erschienenen Auto-Fibel der Befürchtung Ausdruck, der Leser könne durch das »wüste Durcheinander rasender Kurbelwellen, von blinkenden Signallichtern und funkenden Zündkerzen« womöglich verwirrt worden sein, was vor allem dann der Fall sei, wenn man sein Buch »wie einen Kriminalroman in einem Zuge durchgelesen« habe, statt den Text sorgfältig zu studieren. Eugen Diesels Bücher hingegen stellen keine technischen Abhandlungen dar; seine zahlreichen Werke lassen sich als sozial- und zeitkritische Betrachtungen bezeichnen.

Bei Beginn des Ersten Weltkrieges hielt sich Eugen Diesel in der Schweiz auf, wo er für die Maschinenfabrik Sulzer arbeitete; dort war in der Regie seines Vaters 1898 das erste stationäre Rohölaggregat entstanden. Die Beschreibung der Familienreise in die Schweiz anno 1905 hat er als Sechzehnjähriger verfasst. 1889 in Paris geboren, verstarb Eugen Diesel 1970 in Rosenheim. Die ersten Personenwagen mit einem Rudolf-Diesel-Selbstzünder gingen 1936 bei Daimler-Benz und 1937 bei Hanomag in Serie.

Das touristische Vergnügen verhält sich proportional zur Wirksamkeit der Trommelbremsen an den Hinterrädern …

»Alle Hotels in Frankreich hielten Vorräte an Öl parat und verfügten über Remisen für Fahrzeuge.«

Charles Jasper Glidden, reisefreudiger Multimillionär, 1908

Zu denen, die in der Disziplin der Ferntouristen im frühen 20. Jahrhundert Weltruhm erlangten, gehört der Amerikaner Charles Jasper Glidden, der 1901 eine Automobiltour von Massachusetts zum Polarkreis in Kanada unternahm und ein Jahr später am Lenkrad eines Napier zu einer Weltreise aufbrach, für die er sich bis 1908 Zeit nahm.

Der aus der US Army im Rang eines Colonel (Oberst) verabschiedete Gentleman, geboren am 29. August 1857, hatte wechselnde Begleiter an Bord, von denen einem die wichtige Funktion eines Mechanikers oblag. Die Firma Napier & Son hatte diesen jungen Engländer namens Charles Thomas an Glidden »ausgeliehen«; er war am Bau des Fahrzeugs beteiligt gewesen und mit dessen Technik also bestens vertraut. Ein zweiter Passagier war zeitweilig Mrs. Lucy Emma Glidden. Eine Hochzeitsreise war es nicht; das Paar war bereits seit 19 Jahren verheiratet. Im Verlauf dieser Tour bereiste die Glidden-Crew 39 Länder, legte 74.880 Kilometer zurück und besuchte rund 8000 Städte.

Mr. Glidden bereiste mit seinem Napier 39 Länder und besuchte 8000 Städte.

Als erste Autotouristen durchquerten Glidden und seine Begleiter Länder wie Australien, Malaysia, China und Japan. Seine Europatour schloss eine Exkursion bis ins nördlichste Schweden ein, auf Straßen, die nur lose Schotterpisten darstellten. Und südlich des Äquators ließ er seinen Napier auch zur Fidschi-Insel Viti Levu transportieren, wo er sich mit dem Häuptling im Wagen fotografieren ließ. Glidden war der erste Automobilist, den die Insulaner zu Gesicht bekamen.

Unzählige Male hörte Glidden die furchtsam bis drohend geäußerte Feststellung, dass es doch nicht mit rechten Dingen zugehen könne, dass sich ein Wagen ohne Zugtiere von der Stelle bewegte... Aber es überwogen Respekt und Bewunderung. In jenen Jahren sah man Automobile außerhalb europäischer und amerikanischer Städte noch selten. Nur in Frankreich hatten Motorwagen auch in der Provinz bereits eine größere Verbreitung gefunden.

Die amerikanische Crew absolvierte die Reise in mehreren Etappen. Immer wieder lud Glidden Reporter zum Mitfahren ein. Im Sommer 1904 war er wieder einmal in seiner Heimat und nahm dort an der von der AAA (American Automobile Association) organisierten Zuverlässigkeitsfahrt von New York nach St. Louis teil. Er stiftete sogar einen Pokal und eine Prämie von 2000 Dollar in bar – damals ein immenser Betrag – für den Sieger. Von 1905 bis 1913 fand die daraufhin »Glidden Reliability Tour« genannte Fahrt in jedem Jahr statt. Den ersten Event gewann Percy Pierce auf einem Pierce Arrow. Von Jahr zu Jahr legte man die Streckenführung schwieriger aus. Ein Problem war das viele überfahrene Geflügel der Bauern, so dass Glidden den Behörden der passierten Landkreise aus eigener Tasche pauscha-

len Schadenersatz für das unbeabsichtigt gemeuchelte Federvieh bezahlte.
Von Gliddens in England gestarteter Weltreise existiert ein Tagebuch. Der pensionierte Lehrer Andrew M. Jepson, Enkel des Mechanikers Charles Thomas, hat es 2013 veröffentlicht und mit Fotos versehen, die sein Großvater unterwegs gemacht hat. Glidden schrieb: »Im November hatte ich beim Hersteller Napier in London einen viersitzigen Motorwagen mit vier Plätzen bestellt. Obwohl 24 PS stark, wurde er 16 hp genannt.« Doch die 16 horsepower waren nicht etwa eine zu bescheiden formulierte Leistungsangabe für den Motor, sondern stellten eine fiskalische Größe dar, unseren einstigen Steuer-PS entsprechend. So etwas kannten die Amerikaner nicht.
In weiser Voraussicht verfügte der Napier über eine Spurweite, die es erlaubte, auf Schienen fahren zu können; zu diesem Zweck führte man vier austauschbare Spezialfelgen mit. Denn es war damit zu rechnen, dass in entlegenen Regionen ein Vorankommen auf Eisenbahnstrecken leichter sein würde als auf straßenlosem Terrain.
Glidden vermerkte: »Am 1. Juni (1902) war der Wagen fahrbereit. Da mein Bericht sich nicht so sehr der Szenerie, den Landschaften oder der Historie besichtigter Kathedralen widmet, sondern dem Motorwagen und dem Verlauf der Reise, erwähne ich, dass jener über zwei wirkungsvolle Bremsen verfügte, mit denen man auch am steilsten Gefälle das Fahrzeug jederzeit anhalten konnte, ferner über ein elektrisches Zündsystem, das sich vom Sitz des Fahrers aus regulieren ließ, und ein per Hebel zu betätigendes Getriebe, um die Geschwindigkeiten zu regeln, von denen vier zur Verfügung standen. Der Inhalt des Kraftstofftanks reichte für eine Strecke von 200 Meilen, und das an Bord mitgeführte Schmieröl war für den Bedarf von zwei bis drei Monaten ausgelegt. Automatisch gelangte es an alle Stellen, wo es benötigt wurde …«

Glidden bei der Probefahrt mit Schienenrädern, die bei Bedarf gegen Felgen mit Luftreifen auszutauschen waren. Das Mitführen von vier zusätzlichen Rädern bedeutete ein hohes Mehrgewicht.

Auf seiner Reise um die Welt wechselte Charles Jasper Glidden seine Begleiter von Etappe zu Etappe; die Fotos zeigt ihn mit seiner Ehefrau Natalie auf dem Nebensitz.

Rechts: Nach ihrem beeindruckenden Sieg im Rennen um den Grand Prix 1908 veröffentlichte die Daimler Motoren-Gesellschaft diese Anzeige. Noch sah man farbige Inserate selten.

»Ernste Schwierigkeiten bereitete uns in Frankreich das Entziffern von Wegweisern an den Straßengabelungen. Die Schrift auf den Schildern war so klein, dass man sie – ohne den Wagen anzuhalten – meist nicht lesen konnte. Oftmals fehlten Schilder gänzlich, und wir mussten uns von Dorf zu Dorf durchfragen. In den von ns besuchten Städten waren wenigstens zuverlässige Straßenkarten erhältlich …«
Sämtliche Distanzen und auch kleine Ereignisse und Eindrücke am Rande wurden minutiös notiert: »Als wir in Frankreich unterwegs waren, stellten wir fest, dass die Schafe auf den Landstraßen besser erzogen waren als die in England. Sie gehorchten den Kommandos der Schäfer und deren Hunden ohne Verzug, wenn wir uns näherten.
Und so populär war das Automobil hier bereits, dass man so gut wie in jeder Stadt Benzin kaufen konnte, und die Hotels auf unserer Strecke hielten sämtlich Vorräte an Öl parat und verfügten über geräumige Remisen zum Abstellen von Fahrzeugen.«
6775 Meilen (fast 11.000 Kilometer) legte der Napier dort, wo es keine Straßen über Land gab, auf Eisenbahnschienen zurück: »Wir wurden stets als Sonderzug eingestuft und mussten uns an bestimmte Fahrpläne halten … Es war wundervoll, auf diese entspannte Art und Weise exotische Landschaften zu genießen und ausgeruht am nächsten Etappenziel einzutreffen …«
Charles Jasper Glidden engagierte sich auch intensiv im damals noch jungen Flugwesen. Der Colonel amtierte viele Jahre als Executive Secretary im World's Board of Aeronautical Commissioners und organisierte nach dem Ersten Weltkrieg die erste Flieger-Rallye rund um den Globus. 1921 wurde er zum Präsidenten der Kommission gewählt. Es heißt, er habe die Bedeutung der Fliegerei in naher Zukunft schon früh erkannt und gesagt, dass »eine Flugreise schon bald für Jedermann so selbstverständlich sein wird wie die Benutzung eines Motorrades«.
Glidden war durch innovative Aktivitäten in der frühen Telefonbranche Amerikas schon in jungen Jahren ein vermögender Mann geworden. Auf ihn geht die Einführung von Fernämtern zurück, in denen weibliche »operators« die Verbindungen herstellten. Als Multimillionär verstarb er am 11. September 1927 in Boston.

MERCEDES
GRAND PRIX
DE L'A.C.F
DIEPPE
1908
35
HENRI DE RUDAUX
IMP. D'ART L. LAFONTAINE, PARIS.
1er LAUTENSCHLAGER
5me PÖGE
RECORD DU TOUR
SALZER 126 KM 500 A L'HEURE
TOUS SUR
PNEU
MICHELIN
SOCIETE MERCEDES
39 RUE LA BOETIE 70 AVUE DES CHAMPS-ELYSEES

Wo die Straße endet, beginnt das Abenteuer …

Die Herrschaften haben bei Harrod's ihre Weihnachtseinkäufe getätigt ...

Ach du dickes Ei! Wo soll man derlei Übergrößen im Garten verstecken ...?

Was Lohengrin auf den Fondpolstern hinterlassen wird, dürfte nicht so leicht zu entfernen sein!

»Wir arbeiteten fieberhaft, meist mehr mit dem Hammer als mit Geduld ...«

Clärenore Stinnes, Deutschlands berühmteste Fernreisende, 1929

In der Zeit von 1927 bis 1929 umrundete Clara Eleonore Stinnes, genannt Clärenore, Tochter eines berühmten deutschen Großindustriellen und erfolgreiche Rennfahrerin, mit einem Auto den Globus. Ohne die Unterstützung ihrer Familie brach die 26-Jährige in Begleitung des Kameramanns Carl-Axel Söderström aus Schweden zu ihrer Weltreise auf. Das Paar bewältigte unsägliche Strapazen, genoss aber auch erhebende Momente romantischer Abenteuerei wie jenen Abend am Rande der Wüste Gobi, den Clärenore so beschrieb: »Alle Müdigkeit war verflogen gegenüber diesen Eindrücken, und wir genossen die weichen Klubsessel, neben uns ein Glas Whisky mit Soda, wie ein Geschenk!«

Ihr erster Beifahrer gab mit Schüttelfrost auf, den dritten heiratete sie.

Eine Luxusherberge mit Luxussesseln und Luxusbar irgendwo fernab in Zentralasien: Schon allein bis hierher zu gelangen, stellte mehr als nur eine automobile Meisterleistung dar. »Fräulein Stinnes muss aus Stahl sein. Hält klaglos durch«, notierte Carl-Axel Söderström bewundernd in seinem Tagebuch. Oder verzweifelnd?

An Bord des Adler Sechszylinders waren anfangs zwei weitere Männer gewesen: Automechaniker. Doch schon bald nach dem Start fiel der erste wegen Fieber und Schüttelfrost aus, und auch der zweite verabschiedete sich resignierend. Auch ein Begleitfahrzeug blieb irgendwann stecken. So setzten nur Fräulein Stinnes und der filmende Schwede die Reise fort. Sie erstreckte sich über fast 47.000 Kilometer und führte auch durch etliche Krisengebiete. Bei minus 53 Grad im sibirischen Winter saßen sie tagelang fest und mussten, um die Expedition fortsetzen zu können, mit ihrem Adler den zugefrorenen Baikalsee überwinden. In der Wüste Gobi wurden sie von chinesischen Soldaten verfolgt, und in Südamerika überqueren sie das mit einem Automobil eigentlich nicht zu bewältigende Bergmassiv der Anden. Und immer wieder gab es Unterbrechungen durch Reparaturen, die oft genug ohne fremde Hilfe gemeistert werden mussten. »Dann arbeiteten wir fieberhaft, meist mehr mit dem Hammer als mit Geduld«, schrieb die tapfere Frau später. Als das Paar nach 25 Monaten wieder in Europa eintraf, wurde es stürmisch gefeiert.

Alles hat Söderstöm mit der Kamera festgehalten, auch Pannen und Strapazen. Dabei war der Filmer oft genug stocksauer auf jene Frau gewesen, die er – oh happy end – 1930 heiratete. Wiederholt vertraute er seinem Tagebuch Beschwerden über Fräulein Stinnes an: »Mit ihr muss wirklich alles schief laufen. Zum Frühstück heute nur trockenes Brot. Sie hat alle Konserven verschenkt ...«

»Die Energie zum Durchhalten«, so hat sie nach ihrer Rückkehr gesagt, »habe ich in den Männerwelten der Betriebe meines Vaters bekommen«. Hugo Stinnes (1844–1925) gehörten Unternehmen der Schwerin-

Die junge Clärenore, 24, passionierte Automobilistin, zwei Jahre vor dem Start zu ihrer strapazenreichen Weltreise (oben), die mehr als einmal vor dem Aus zu stehen schien. Doch die Eiserne Lady aus dem Ruhrpott verlor niemals ihre Zuversicht.

dustrie, Energie erzeugende Betriebe, Bergbaugesellschaften, Anteile an Reedereien und Mineral- ölfirmen. Als seine Tochter auf Weltreise ging, war er nicht mehr am Leben und sein Konzernkonglomerat vom Zerfall gezeichnet. Eine bis 2008 existierende Stinnes AG ist heute eine Holding-Gesellschaft namens Mobility Logistics AG für die Transport- und Dienstleistungsunternehmen des Deutsche-Bahn-Konzerns.

Clärenore Söderstöm verstarb 1990 in Schweden. Ihr Reiseabenteuer ist 2008 verfilmt worden. Nein, nicht mit Heidi Hetzer in der Hauptrolle. Auf diese Idee hätte man etwas früher kommen müssen.

1L 62 66

Tankstelle im amerikanischen Mittelwesten, 1934.

»Tausend weitere Meilen hätten wir und unser Auto noch locker schaffen können ...«

Charles Creighton, Weltrekordhalter im Rückwärtsfahren, 1930

Mehrere Zeitungen in den USA brachten in den ersten Tagen des September 1930 eine interessante Meldung unter der Headline »Seeing America backwards«. Während der unter diesem Motto von Charles Creighton und James Hargis in 42 Tagen ausschließlich im Rückwärtsgang durchgeführten und von dem Mineralölkonzern Texaco gesponserten Rekordfahrt mit einem Ford Model A Zweisitzer über insgesamt 7180 Meilen (entsprechend 11.555 Kilometer) war der Motor kein einziges Mal ausgeschaltet worden, auch nicht beim Tanken, Ölnachfüllen oder dem häufig erforderlichen Ergänzen des Kühlwassers.

»Hier in Los Angeles haben sich die Jungs zur Halbzeit eine 48-stündige Erholungspause gegönnt, den Motor ihres Ford aber weiterlaufen lassen. Ständig umlagerte eine dichte Schar Neugieriger das Gefährt, das eine so ungewöhnliche Leistung zu vollbringen im Begriff war,« schrieb ein Reporter der Los Angeles Times.

Bevor sie New York verließen, hat man in der dortigen Repräsentanz der Texas Fuel Co. aus dem Getriebe ihres Roadsters alle drei Vorwärtsgänge ausbauen lassen; damit sollte sichergestellt sein, dass der Wagen keinesfalls in einem Vorwärtsgang zu fahren war. Bei einer Rückwärtsgang-Übersetzung von 1:3,75 ließen sich die 40 PS (bei max. 2200 U/min) des 3,2-Liter-Vierzylindermotors im Regelfall und auf ebener Strecke zu einem Schnitt von rund 12 Kilometer pro Stunde umsetzen – das ergab während der 40 Reisetage ein 24-Stunden-Pensum (kurze Fünf-Minuten-Haltepausen eingerechnet) von etwa 290 mit heldenhaftem Langmut ertragenen Goslow-Kilometern.

Die nicht besonders geräuscharme Rückwärtsgang-Untersetzung und das Schleichen im Kriechtempo muss für die sich alle zwei Stunden ablösenden Gentlemen Creighton und Hargis eine starke Nervenbelastung gewesen sein, und das Lenken des Wagens bei verdrehtem Hals zum Rückwärtsschauen bei gleichzeitiger konzentrierter Beachtung des übrigen Straßenverkehrs zudem eine physische Tortour. Die Strecke führte sowohl durch zahlreiche Städte und kleine Ortschaften als auch durch weite, rurale Überland-Distanzen – und über die Rocky Mountains im Staat Colorado. Bevor das Highway-Netz weiträumig ausgebaut und in einigen Bundesstaaten viele Verbindungswege noch unbefestigte, staubige Trails aus der Wildwestzeit waren, stellten solche Parforcetouren enorme Anforderungen an die Belastbarkeit des Materials dar. Die erst seit 1956 bestehende »Interstate 70« hieß damals noch US-Route No. 40; sie gilt auch heute noch als die kürzeste Ost-Westverbindung und als die meist befahrene Achse, auf der die Rockys überquert werden.

Bei einem Tank mit 40 Liter Fassungsvermögen und einem Durchschnittsverbrauch von 12 Liter Benzin auf 100 Kilometer musste spätestens alle 320 Kilometer nachgetankt werden. Selbstverständlich wurden nur Texaco-Tankstellen angesteuert, und in

Eventualfällen sorgte ein Begleitfahrzeug für Sprit-, aber auch für Kühlwasser- sowie Proviantnachschub. Der Beifahrersitz ließ sich mit zwei Handgriffen zu einem leidlich bequemen Schlafsessel verwandeln. Für das Fahren bei Dunkelheit war der Ford mit einem zusätzlichen Scheinwerferpaar am Heck ausgestattet. Charles Creighton am Ziel der Reise: »Tausend weitere Meilen hätten wir und unser Auto noch locker schaffen können …«

Mit dem Ford Model T und mit Autos anderer Marken (und auf Motorrädern) waren die USA schon vorher diverse Male transkontinental in Rekordabsicht

Links: Creighton und Hargis mit ihrem Ford A Roadster in Los Angeles, 19. August 1930, vor dem Antritt zu ihrer Rückwärtsfahrt zum Ausgangspunkt New York.

durchquert worden, wobei außer Texaco auch andere Mineralölfirmen sowie Reifenhersteller solche Aktionen finanzierten.

Nonstop-Langstreckenprüfungen mit Serienwagen über Tausende von Kilometern haben Ford-Fahrer zu Public-Relations-Zwecken auch in Europa unternommen, so etwa im Frühjahr 1930 in Deutschland, als ein A-Modell im Verlauf von 100 Tagen 100.000 Landstraßenkilometer zurücklegte. Ein Pensum von 1000 Kilometer an einem 20-Stunden-Reisetag erforderte einen Schnitt von 50 Kilometer pro Stunde. Fünfzig Mal (!) hatte der Wagen unter wechselnder Besatzung die Rundreise Berlin-Leipzig-München-Stuttgart-Frankfurt-Hamburg-Berlin absolviert. Von »140.000 Kurven, 2000 Städten, 20.000 Dörfern« berichtete die Ford-Werbung im Anschluss, die dem Auto die Qualifikation eines Langstreckenwagens bescheinigte. Im Gegensatz zu der »Retourkutsche«, die Creighton und Hargis für ihre Rückwärts-Tour benutzt hatten, musste die im Berliner Ford-Werk gebaute Limousine vergleichsweise härter hergenommene 100.000-Kilometer-Ford jedoch wegen diverser Defekte fünfzehn Mal eine Reparaturwerkstatt aufsuchen – und die dadurch eingebüßte Zeit immer wieder wett machen.

Der Ford A wurde für den deutschen Markt vom 20. August 1928 bis zum 20. Mai 1931 im Westhafen-Werk Berlin-Moabit produziert, bevor im neuen Werk in Köln die Bänder anliefen.

Ebenfalls 1930 absolvierte dieser Ford A eine über 100.000 Kilometer führende Rekordfahrt durch Deutschland. Hier die Ankunft in Berlin nach der letzten Runde, im Konvoi einige Ford-Begleitwagen.

7

Obwohl die Batterie mit Ökostrom geladen wurde: Die Hupe hupt schon wieder nicht!

Oben: Chicago, 1934, Mit dem Angebot immer preisgünstigerer Autos durch Großserienherstellung erhöhte sich das Verkehrsaufkommen in den amerikanischen Großstädten in einem Ausmaß, das für Berufspendler zum täglichen Alptraum wurde.

Rechts oben: Ein Biscuter und ein Volkswagen, gesehen 1960 in Tarragona.

Rechts: Das ist gewiss kein Schnappschuss, sondern ein gestelltes Motiv – gleichwohl errang es 1924 einen Preis in einem Fotowettbewerb.

»Mit seinem Motorwagen
hat sich Mr. King auf ein höchst gefährliches
Abenteuer eingelassen!«

Samuel Higginson, Journalist, 1896

Ihren ersten Benzinmotorwagen bekamen einige Einwohner der Großstadt Detroit 1896 zu Gesicht, als der Ingenieur Charles Brady King mit seinem Gefährt eine Ausfahrt unternahm. Der Zeitungsreporter Samuel Higginson erkannte dann auch sogleich, dass »Mr. King sich auf ein höchst gefährliches Abenteuer eingelassen« habe, dass sich potenzieren könnte, sollten weitere solcher Vehikel in den Straßen von Detroit auftauchen.

Die Bedenkenträger sollten Recht behalten. Für das 1908 verzeichnete die Unfallstatistik der Stadt Detroit durchschnittlich fünfzehn Verkehrstote pro Monat, und die Verstopfung der Straßen hatte Ausmaße des kaum mehr zu Bewältigenden angenommen. »Von den vielen Tausenden, die mit dem Automobil unterwegs sind, verfügen die Wenigsten über ausreichende Erfahrung«, schrieb die Presse. »Die ganze Nation wird sich binnen Kurzem enormer Probleme ausgesetzt sehen...«

Detroit versuchte, die sich anbahnenden Probleme in den Griff zu bekommen und war die erste Stadt in den Staaten, in welcher Stoppschilder aufgestellt, Leitlinien sowie Zebrastreifen zur Markierung von Fußgängerüberwegen auf dem Pflaster aufgemalt und Einbahnstraßen ausgewiesen wurden. New York etablierte als erste Stadt in den USA ein Gericht, das ausschließlich für Verkehrsdelikte zuständig war. Dies alles wurde nicht vor 1910 eingeführt – bis dahin hatte es in den USA weder eine Führerscheinpflicht noch Verkehrsregeln gegeben, weder ein Stopplicht am Fahrzeug noch Schilder am Straßenrand, die sich aufs Parken oder das Einhalten eines Speed Limits bezogen. Im Norden Amerikas steigerte sich manches Chaos zur Apokalypse, wenn einer der gefürchteten Blizzards mit Schnee und Eis die »motoring gentlemen« verzweifeln, resignieren oder einfach nur in ihrer ungeheizten Tin Lizzie frieren ließen.

New York, Detroit, Boston und Chicago hatten vorgemacht, welche großstädtischen Verkehrs-Szenarien zu erwarten waren; Paris, London, Mailand, Berlin, Leipzig und München folgten. Denn auch die Metropolen in Europa benötigten zu Beginn des 20. Jahrhunderts immer mehr Massenverkehrsmittel. Die Bevölkerungszahlen großer Städte schnellten mit zunehmender Industrialisierung und der Eingemeindung umliegender Dörfer in die Höhe. Neue Viertel und Siedlungen entstanden. Die Wege zum Arbeitsplatz verlängerten sich. Pferdetrambahnen, dann elektrische Schienenbahnen und gleislose Oberleitungs-Trolley-Tramways veränderten das Straßenbild. Gemeinsam mit dem automobilen Individualverkehr sorgten sie ab 1900 für den täglichen Verkehrsinfarkt. Und mitten drin Radfahrer und Fußgänger. Nicht jeder ertrug das Chaos mit solcher Bierruhe wie der behäbige Schutzmann an der Straßenkreuzung, dem es oblag, kraft seiner Autorität die Verkehrsflüsse einer lebendigen Metropole zu regeln. Der Zug in die Moderne sei in Europa aber um 1900 schon längst abgefahren gewesen, berichtete die Journalistin Justina Schreiber den Hörern des Baye-

Charles Brady King und sein Sohn 1896 an Bord ihres Motorwagens. Zur Teilnahme am ersten Rennen in den USA – das war der Chicago Times Herald Contest am 10. Juli 1895 – war er nicht rechtzeitig fertig geworden; um dennoch dabei sein zu können, heuerte King bei Hans Mueller als Copilot auf dessen Benz an; sie wurden Vierte.

rischen Rundfunks im Februar 2013, und zwar viel früher als in den USA, doch die Behörden großer Städte wie beispielsweise München kamen mit dem Anpassen der Verkehrsregeln kaum hinterher. Schreiber: »Nicht nur an den Kreuzungen prallten Passanten, Radler, Equipagen, Malefizautomobile, Dampf- und elektrische Trambahnen aufeinander. Auch an den Straßenrändern gab es ein Durcheinander. Weil sich nämlich die Droschkenkutscher mit den neumodischen Chauffeuren herumstritten, musste man die Standplätze der Autodroschken und Pferdekutschen voneinander trennen. Die Bevölkerung nahm regen Anteil an den täglichen Auseinandersetzungen.
Über kein anderes Thema erregten sich die Menschen in München zu jener Zeit so sehr wie über die Verkehrsvehältnsse.« Nicht nur in München, sondern auch in allen anderen Großstädten der Alten und der Neuen Welt.

Autorität: Den Verkehr regelnder »Schupo« Berlin, 1929.

Automobil-Club-ausfahrt, 1909.

Omnibus-Station in Honfleur, Normandie, um 1913. Schon damals war die Hafenstadt an der Seinemündung ein beliebtes Ausflugsziel.

Wer im Winter über keine Garage für sein Auto verfügt, hatte schon immer schlechte Karten: Tiefer Frost, Eis- und Schneelast ließen das Kühlwasser gefrieren, das Motoröl stocken, die Batterie sterben …

»Es wird zuviel Zeit und zuviel Arbeitslohn auf die Herstellung von Kraftfahrzeugen verwendet ...«

Dr. Otto Meibes, Wirtschaftsanalytiker, 1928

Für das Jahr 1925 wies eine Statistik aus, dass in den Vereinigten Staaten jedes der dort registrierten 16 Millionen Automobile pro Tag über eine Strecke von durchschnittlich 20 Kilometern bewegt wurde, was eine Tagesleistung von insgesamt 320 Millionen Kilometern ergab. Ein Fünftel davon, also rund 16 Millionen Kilometer, betraf den Überlandverkehr – und das war vierzig (40!) Mal soviel im Vergleich zur Eisenbahn, deren Tagespensum etwa 400.000 Kilometer betrug. »Noch eindrucksvoller ist die Entwicklung des Lastkraftwagen-Verkehrs in den USA,« schrieb Dr. Otto Meibes in einer 1928 veröffentlichten Analyse der Verkehrswirtschaft weltweit: »Beim Gütertransport können Lastkraftwagen vermöge ihrer Billigkeit in einem Umkreise von 60 bis 80 km mit der Eisenbahn in erfolgreiche Konkurrenz treten. Sie gestatten dem Unternehmer, der seine Ware nach außerhalb befördern muss, einen direkten Transport zum Abnehmer bei nur einmaligen Auf- und Abladen... Auch gegenüber dem Transport mit Pferdefuhrwerken hat der Lastkraftwagen zahlreiche Vorteile. Ein Motorfahrzeug bewältigt die Arbeitsleistung von vier Pferdegespannen, zu deren Bedienung und Pflege aber vier Mann erforderlich sind, während der Betrieb eines Lastkraftwagens bei gleicher Transportkapazität nur eine Person erfordert.«

1926 hatte der Konsumverein Zürich errechnet, dass ein Fuhrunternehmer in der Schweiz 16 bis 18 Pferde und obendrein den dreifachen Zeitaufwand benötigte, um die gleiche Transportleistung von vier Lastkraftwagen zu erbringen, die bei durchschnittlich 65 Tageskilometern lag. Und zweieinhalbfach überlegen

Karossierte und unkarossierte Ford T-Modelle in der Montagefabrik der britischen Tochter, Manchster 1911.

Daimler Rollfuhr-Lastwagen, 1899.

Unten: ÖPNV 1946 im zerstörten Frankfurt am Main. Vom Hauptbahnhof zum Römerberg betrug der Tarif 20 Pfennig.

war der Motorwagen dem Pferdefuhrwerk obendrein in der Tragkraft, so der Statistiker Dr. Meibes, die beim Lkw bei durchschnittlich 2500 Kilogramm betrug, beim zweispännigen Pferdewagen aber nur 1000 Kilogramm.

Meibes sorgte sich um die Verhältnisse in der deutschen Automobilindustrie, die auch 1928 noch, zehn Jahre nach Kriegsende, längst nicht dem Standard entsprachen, wie er im konkurrierenden Ausland zu verzeichnen war. »Im Bau von billigen Personenkraftwagen ist das Ausland der deutschen Automobilindustrie immer noch weit voraus,« schrieb er.

In Deutschland zählte man 1926 nur ein Automobil auf 125 Einwohner. In Großbritannien und Frankreich dagegen war es bereits ein Auto auf 60 bzw. 70 Einwohner.

Noch drastischer fiel Meibes' Vergleich mit den USA aus. Dort kam 1926 ein Automobil auf sechs Einwohner, Kinder und alte Leute eingerechnet. »An dieser Kennziffer wird die Leistungsfähigkeit und somit die Überlegenheit der amerikanischen Automobilindustrie deutlich.«

Maßgebend für die Fähigkeit, bezahlbare Fahrzeuge für jedermann in ausreichender Stückzahl zu produzieren, war nach Meibes' Erkenntnis die konsequente Ausrichtung auf Gewinnerzielung und damit zugleich Stärkung des Kapitals durch rationelle Serienfertigung.»Immer sind noch im Verhältnis zu den ausländischen Industrien nicht alle unsere Möglichkeiten zu einer rationellen Arbeitsweise erschöpft... Noch immer wird zuviel Zeit und damit zuviel Arbeitslohn auf die Herstellung von Kraftfahrzeugen verwendet. Auch die Verteilung der Produktion ist in Deutschland zu unrationell; hier muss dringend Wandlung geschaffen werden ...«

»Die neuen Straßen sind die besten der Welt, durch Fehlen der Schlaglöcher ist auch der Reifenverschleiß geringer.«

Richard Lehmann, Mittelschullehrer a.D., 1942

Einem Sechsklässler die Vorzüge des Automobils überzeugend zu vermitteln, war im Kriegsjahr 1942 eine schwierige Mission. Autos waren aus dem zivilen Verkehrsbild nämlich weitgehend verschwunden – »weitfahrend« könnte man sagen.

In seinem gemeinsam mit einem Kollegen namens Heeschen verfassten Lehrbuch für Mittelschüler beschränkte sich der pensionierte Studienrat Richard Lehmann auf einen Blick in die NS-Glaskugel: »Es besteht kein Zweifel darüber, dass nach dem Kriege auf den Autobahnen ein starker, stetig wachsende Personenverkehr einsetzen wird. Das vollendete Autobahnnetz verbindet dann die Menschen aller deutschen Gaue miteinander und knüpft die Fäden von Nord nach Süd, nach Ost und West. In hohem Maße werden die Straßen des Führers auch den Schnellgüterverkehr des Reiches übernehmen... Nach dem Sieg über England, Russland und die Vereinigten Staaten von Nordamerika sollen die Autobahnstrecken auch in die neu eingegliederten Räume fortgeführt werden.«

»Nach dem Sieg über England, Russland und die USA sollen die Autobahnstrecken auch in die neu eingegliederten Räume fortgeführt werden.«

Der Herr Studienrat kolportiert auf Seite 81 seines Lehrbuches Großdeutschland und die Welt, dass 1939 bereits mehr als 3000 Kilometer Autobahnen fertiggestellt seien. »Diese neuen Straßen sind die besten der Welt und sind Beweise von der Willenskraft des deutschen Volkes... 150.000 Volksgenossen waren vor dem gegenwärtigen Kriege am Bau dieser Verkehrsschlagadern beteiligt... In noch nicht übersehbarem Ausmaße wird nach dem Kriege eine riesige Zahl von Volkswagen die große Fabrik in Fallersleben verlassen und so auch den weniger vermögenden Deutschen unmittelbaren Anteil an den Führerstraßen geben. Um Unglücksfälle fast unmöglich zu machen, sind für jede Fahrtrichtung gesonderie Strecken angelegt worden, die durch breite Grünstreifen voneinander getrennt sind. Niemals kreuzt eine andere Straße oder eine Eisenbahnstrecke den Verkehrsweg.«

Nicht nur schneller und sicherer, sondern auch billiger vollziehe sich der Verkehr auf den neuen Straßen des Führers: »Für einen 6,5-Tonnen-Diesellastzug mit Anhänger rechnet man bei 100 Kilometer auf der Landsraße 48,2 Liter, auf den Reichsautobahnen aber nur 33,4 Liter Treibstoff. Durch Fehlen von Schlaglöchern und Unebenheiten in der Fahrbahn ist auch der Reifenverschleiß geringer.«

Nicht nur geringer mangels Schlaglöcher wurde »nach dem gegenwärtigen Kriege« der Reifenverschleiß, sondern weil es kaum noch etwas zu verschleißen gab. Denn beim Kauf eines Autos war die Bereifung ab dem 20. August 1939 im Preis nicht mehr einbegriffen; an Privatkäufer durften Reifen durch den Autohersteller selbst gegen Aufpreis nicht

Rechts: Kaelble-Zugmaschinen im Autobahn-Baueinsatz, 1939.

Oben: Autobahntankstelle Rosenheim, 1938.

»Um Unglücksfälle fast unmöglich zu machen«, hieß es 1942, »sind für jede Fahrtrichtung gesonderte Strecken angelegt worden …«

mehr mitgeliefert werden – die hatte man sich selbst zu besorgen, was noch bis April 1950 nur auf »Bezugsschein für Gewerbetreibende« möglich war. Auf dem Schwarzmarkt wurde ein Satz neuer oder neuwertiger Pkw-Reifen zu Preisen gehandelt, für die man dreißig Zentner (ebenfalls rationierter) Braunkohlebriketts bekam … Und was die Schlaglöcher und andere Straßenschäden betrifft: Mit denen hatte man sich auch auf so mancher deutschen Autobahnstrecke noch viele Jahre nach Kriege abzufinden

8

Karl-Sigismund, reich' mir mal den Vierkantbohrer: Muttern kann schrauben

Prinzessin Elizabeth (im Overall) 1940 beim Absolvieren eines Kfz-Lehrgangs bei den britischen Streitkräften.

Während des Zweiten Welt-kriegs haben nicht nur in Europa, sondern auch überall in den USA Frauen Berufe ausgeübt, die sie sich nicht haben aussuchen können …

»Der Wagen muss sich durch Einfachheit auszeichnen, denn die Mehrzahl unserer Käufer besteht nicht aus Mechanikern ...«

Henry Ford, amerikanischer Nationalheld, 1939

Den amerikanischen Großindustriellen Henry Ford (1863–1947) halten viele seiner Landsleute auch heute noch für den Erfinder des Automobils. Ganz sicher aber, so meinen nicht nur die Amerikaner, sei er der Erfinder des Fließbands. Beides stimmt freilich nicht. Doch Ford setzte die lange vor ihm erfolgte »Erfindung« des Motorwagens und die Erkenntnisse aus rationeller Fließbandfertigung in einen Prozess um, der bahnbrechend war und die Massenmotorisierung in den USA und auch anderswo einleitete.

Henry Ford wurde war der älteste Sohn von sechs überlebenden Kindern einer irischen Einwandererfamilie. Schon früh interessierte sich Henry für die Technik. Nach seiner Aussage war sein wichtigstes Erlebnis in der Jugend die Begegnung mit einer fahrbaren Dampfmaschine für den Antrieb von Dreschmaschinen und Baumsägen. Im November 1895 sah der Uhrmacherlehrling Ford in Chicago zum ersten Mal eine Gruppe verschiedener Motorwagen.

In seinen Memoiren schrieb Ford: »Von dem Tage an, da das erste Automobil auf der Straße erschien, war ich von seiner Notwendigkeit überzeugt. Diese Überzeugung veranlasste mich, geradezu auf das eine Ziel – einen Wagen für die große Masse zu bauen – loszuarbeiten. Mein ganzes Streben war damals und ist auch heute noch darauf gerichtet, einen einzigen Wagen, ein Universalmodell, herauszubringen. Und es war mein Bemühen, bei ständigem Preisabbau diesen Wagen zu verbessern, zu verfeinern und zu vervollkommnen. Er musste sich durch folgende Eigenschaften auszeichnen:

1. Erstklassiges Material zur dauernden und intensivsten Benutzung. Vanadium ist der stärkste, hochwertigste und widerstandsfähigste Stahl, und sein Preis darf keine Rolle spielen.
2. Einfachheit, denn die Mehrzahl unserer Käufer besteht nicht aus Mechanikern.
3. Ausreichende Motorkraft.
4. Absolute Zuverlässigkeit, da sich der Wagen den verschiedensten Ansprüchen gerecht werden und auf guten wie auf schlechten Wagen bewähren muss.
5. Leichtigkeit und gutes Leistungsgewicht... ein Grund, warum man einen Fordwagen niemals versagen sieht, einerlei ob es durch Sand oder Schmutz, Schnee und Matsch, durch Wasser oder über Berge, Felder und weglose Ebenen geht.
6. Fahrsicherheit. Mann muss stets Herr über die Fahrgeschwindigkeit sein, um jeder Situation begegnen zu können... die Steuerung kann von jedem gehandhabt werden, und man kann fast überall mit ihm umkehren.
7. Je schwerer der Motor, umso höher der Benzin-, Öl- und Fettverbrauch. Das geringe Gewicht galt anfangs als Nachteil, jetzt hat sich das geändert.

All diese charakteristischen Eigenschaften sollte mein T-Modell aufweisen, das ich zu produzieren beabsichtigte und das nur vier Konstruktionseinheiten besaß: Die Kraftanlage, das Wagengerüst, Vorder-

und Hinterachse«. Unter dem Kosenamen Tin Lizzie – zu deutsch: Blech-Liesel – wurde das Auto in aller Welt berühmt.

Die Automobilgeschichte verzeichnet zahlreiche Superlativ-Legenden; zu ihnen zählen der Volkswagen-Käfer und der Mini. Henry Fords T-Modell hat die Massenmobilisierung jedoch am nachhaltigsten zu einer Zeit in Gang gesetzt, als die Motorisierung sich noch im Anfangsstadium befand. Das Auto wurde von August 1908 bis September 1927 in einer Gesamtstückzahl von 16,5 Millionen gebaut. Die Montage des ersten »global car« erfolgte an weltweit 24 Produktionsorten. Bis 1972 galt die Tin Lizzie als das meistverkaufte Automodell der Welt, als der von Ford einst verkannte und verspottete Käfer die blecherne Liesel aus Amerika schließlich vom Podest schob.

Pannenhilfe 1928: »... und mit der neuen Luft im Reifen fährt es sich wirklich sicherer als mit der alten, Herr Ingenieur?«

»Manchmal hört man blöde Sprüche in der Werkstatt, da muss ich einfach cool bleiben.«

Sina Bolognesi, Automechatronikerin, 2019

Jahrhundertelang ging die Gesellschaft davon aus, dass Tätigkeiten, die technisches Verständnis voraussetzen, ausschließlich Männern vorbehalten sein müssen. Und noch heute wird oft behauptet, es gebe typische Frauen- und Männerberufe. Insbesondere Tätigkeiten im Kraftfahrzeuggewerbe sollten schon deshalb Männern vorbehalten bleiben, weil Frauen von Technik und somit auch von Autos nichts verstünden – ein gern gepflegtes (von Männern vertretenes) Vorurteil.

Längst entscheiden sich immer mehr Frauen, einen »typischen« Männerberuf auszuüben. Auch wenn sie damit nicht dem maskulin geprägten Uralt-Klischee entsprechen. In vielen Branchen verschwindet der Begriff vom »Männerberuf« mehr und mehr.

Die Schweizerin Sina Bolognesi gehört zu denen, die ihren Beruf als ausgebildete Fachfrau für Mechatronik ausüben und in einem 2019 geführten Interview des Magazins TecLadies sagte: »Manchmal hört man schon blöde Spruche in der Werkstatt, aber das gehört dazu. Da muss ich einfach cool bleiben und einen Spruch zurückgeben. Ich höre oft das Vorurteil, dass Frauen in diesem Beruf schlechter seien als Männer. Sie würden sich doch gar nicht für Autos interessieren, möchten ihre Hände nicht schmutzig machen und würden langsamer arbeiten. Aber mir sind solche Bemerkungen gleichgültig. Ich mache, was mich interessiert und was mir Spaß macht.«

Man darf Carl Benz, dem Miterfinder des Automobils, posthum unterstellen, dass auch er nicht viel davon gehalten hätte, seiner Gattin einen Arbeitsplatz in der Mannheimer Gasmotorenfabrik Benz & Cie. zu überlassen, wäre Bertha mit einem solchen Ansinnen an ihn herangetreten. Ihre berühmt gewordene Reise nach Pforzheim, die erste Überlandfahrt der Automobilgeschichte, unternahm Bertha mit ihren beiden Söhnen 1888 angeblich ohne Wissen des Mannes. Sie besaß auch gar keine Fahrerlaubnis, über eine solche verfügte nur ihr Ehemann; es war der erste Führerschein überhaupt, ausgestellt am 1. August 1888; er gestattete überdies nur wenige Ausfahrten in der Umgebung Mannheims.

Für ganz Deutschland wurden reguläre Fahrprüfungen erst ab Mai 1909 zur Regel. Der Erwerb des Führerscheins war zwar an kein Geschlecht gekoppelt – trotzdem waren Frauen, die vor 1958 eine Führerscheinprüfung ablegen wollten, darauf angewiesen, dass der Ehemann oder der Vater dies gestattete. So blieben Frauen am Steuer noch lange eine Ausnahme. Erst mit dem am 1. Juli 1958 unter Konrad Adenauer in Kraft geretenen Gesetz über die Gleichberechtigung von Mann und Frau auf dem Gebiet des bürgerlichen Rechts durften Frauen selbst darüber entscheiden, ob sie Fahrerin oder Beifahrerin sein wollten.

Die Kaiserzeit war eindeutig bestimmt gewesen von der dominanten Präsenz des Mannes. Die Frau stand immer hinter ihrem Ehemann; er stellte das klassische Familienoberhaupt. 1900 wurde die gesellschaftliche Stellung der Frau nochmals durch die

Das weibliche Mechanikerteam einer Werkstatt in Chattanooga, Tennessee, besteht aus Grace Hurd, Evelyn Harrison, Corinna O'Julian und Gwenda Wagner (1927).

Unterbrechung der Hochzeitsreise, 1915: »Sei ja vorsichtig, Darling! Es soll Autos geben, die haben einen Explosionsmotor!«

neue kaiserliche Gesetze festgeschrieben. Die verheiratete Frau durfte ohne die ausdrückliche Zustimmung ihres Mannes weder arbeiten, noch über Geld verfügen, selbst wenn sie es selbst erarbeitet hatte. Noch während der Adenauer-Ära (1949–1963) gab nur wenige Frauen in Deutschland, die wie beispielsweise Heidi Hetzer sich mit einem hohen Grad an Selbstbewusstsein diesen Konventionen zu entziehen vermochten

Heidi Hetzer war eine der bemerkenswertesten und am stärksten beachteten Frauen in der von Männern dominierten deutschen Autowelt. Wegen ihrer Dynamik, wegen ihres für in Berlin aufgewachsene Mädchen typischen Selbstvertrauens und ihrer unternehmerischen Courage. Sie kam am 20. Juni 1937 als Tochter des Kaufmanns Siegfried Hetzer zur Welt, der 1919 in Berlin eine Vertretung für Victoria-Motorräder gegründet und 1933 eine Opel-Repräsentanz übernommen hatte. Sie machte die Straßen Berlins auf einer getunten Lambretta unsicher und bewegte im zarten Alter von 16 Jahren auch schon mal eine schwere Victoria Bergmeister.

Ab 1954 erlernte Heidi den Beruf der Kfz-Mechanikerin. Mit 31 Jahren übernahm sie nach dem Tod des Vaters das Unternehmen, das sie zu einem der größten Autohäuser Berlins ausbaute. Als erfolgreiche Geschäftsfrau und als gelegentliche Rennfahrerin, aber auch durch ihr soziales Engagement gehörte Heidi Hetzer zu den bekanntesten Persönlichkeiten der Berliner Wirtschaft. Sie wurde 81 Jahre alt. Schwer vorstellbar, dass ihr jemals jemand zu sagen gewagt hätte, Frauen verstünden nichts von Autos …

9

Ob auf dem Holzweg oder nicht: wenn möglich, bitte wenden!

Stock Car Racing in Tulsa, Oklahoma, 1947, ausgetragen im Geist Olympias: Nicht der Sieg beschert uns das Gefühl des Glücks, sondern allein die Ehre heldenhafter Teilnahme (jedenfalls sehen das die Verlierer so).

»Also, Mädels, immer hübsch laaangsaaam auf dem Zebrastreifen gehen, damit sich der freche Bube in seinem Angeberauto ein bisschen ärgert …«

Geschäftsidee 1948: Fahrschulunterricht in Jahrmarkt-Scootern!

»Mr. Bentley, Sie sind ein Geschäftsmann – aber ein Ingenieur sind Sie doch nicht …?«

Henry Frederick Royce zu seinem einstigen Konkurrenten, 1931

In ihrer Ausgabe vom 20. November 1931 meldete die Times: »Die erwartete Übernahme der Bentley Motors Ltd. durch den Flugmotorenhersteller D. Napier & Son Ltd. findet nicht statt. Ein höheres, in letzter Minute abgegebenes Gebot eines Syndikats namens British Central Equitable Trust hat diesem den Zuschlag gesichert. Es ist zur Zeit nicht erkennbar, ob dieser Trust mit der Automobilbranche in Zusammenhang zu bringen ist.«

Kaum jemand wusste, dass der Trust die Interessen des Hauses Rolls-Royce vertrat. Diese Information wurde erst sieben Tage später publik, als verlautete, Rolls-Royce habe vom British Central Equitable Trust die Bentley-Konkursmasse übernommen. Diese Meldung umfasste immerhin schon 20 Zeilen.

Als er die Nachricht erfuhr, es habe sich ein Käufer für seine manövrierunfähig gewordene Firma gefunden, war deren Gründer und Namenspatron Walter Owen Bentley erleichtert – und zugleich besorgt. Erleichtert, weil Hoffnung bestand, dass die zwölf Jahre zuvor gegründete Marke nicht einfach eliminiert würde, an deren guten Ruf er und seine Mitstreiter so zielstrebig und aufopfernd gearbeitet hatten. Besorgt, weil er es versäumt hatte, sich um die Eintragung von Marken- oder Namensrechten zu kümmern. »Bentley« war kein allzu seltener Name in England. In Verbindung mit dem Automobilwesen war dieser Name nicht geschützt. So war es auch das erste, was die Rolls-Royce-Juristen nach der Übernahme taten: Sie sorgten dafür, dass BENTLEY den Status eines eingetragenen Warenzeichens erhielt. Das bedeutete aber zugleich, dass es W. O. Bentley verwehrt war, unter seinem Namen je wieder Autos in eigener Regie zu bauen.

Für 125.000 Pfund Sterling waren der Betrieb in der Kingsbury Lane mit dem gesamten Inventar, alle Rechte an Bentley-Konstruktionen, der Showroom in der Londoner Innenstadt, eine Reparaturwerkstatt in Kingsbury sowie das Recht an der von Walter Owen Bentley bisher erbrachten kreativen Arbeit an Rolls-Royce übergegangen.

»Als die Zeitungen von der Übernahme meiner Firma berichteten und ich nicht wusste, wer dahintersteckte, überkam mich höchste Nervosität. Niemand konnte mir sagen, was sich abgespielt hatte, auch bei Napier schien man ahnungslos,« schrieb W.O. in seinen Memoiren. »Ich lief im Hyde Park umher und lebte wie im luftleeren Raum. Wie würde es weitergehen? Hinzu kam das Drama meiner Ehe, die kurz vor ihrer Auflösung stand. Meine Frau und ich gingen schon länger getrennte Wege. Ein paar Tage später kam sie spät nachts von einer Cocktailparty nach Hause und berichtete, dort habe ein Herr davon gesprochen, dass sein Unternehmen kürzlich in den Besitz der Firma Bentley gelangt sei. Durch eine Kellnerin habe sie vertraulich erfahren, wie der Name des mitteilsamen Herrn lautete: Arthur Sidgreaves.«

Mrs. Bentley wusste offenbar nicht, dass Sidgreaves Generaldirektor der Firma Rolls-Royce war. W.O. sagte es ihr. »Und ich hatte damals keine Ahnung,

dass Sidgreaves hinter dem Trick mit dem Trust steckte«. Der Mann mit der hohen Stirn und der dunkelrandigen Brille hatte bis 1920 für Napier gearbeitet.
Bald erhielt W.O, wie erwartet, von Sir Henry Royce einen Brief, in welchem er ihn um einen Besuch im seinem Londoner Büro bat. »Sie sind ein Geschäftsmann, nicht wahr?« begann Sir Henry das Gespräch. »Das würde ich nicht so sehen«, antwortete W. O., »In erster Linie betrachte ich mich als einen Techniker.«
»Aber Mr. Bentley, ein Ingenieur sind Sie doch nicht?«
Was sollte er auf diese inquisitorische Frage antworten? »Ich meine schon, dass ich mich Ingenieur nennen darf,« erwiderte er, versuchte zu lächeln und fragte sich: Weiß er denn nicht, dass meine Wagen vier Mal in Le Mans gewonnen haben?
Sir Henry richtete keine weitere Fragen an ihn. Das Interview war beendet. Der »Techniker« Bentley wurde eingestellt. Er arbeitete zunächst im Verkauf, verbrachte den meisten Teil seiner Zeit jedoch am Lenkrad von Versuchsfahrzeugen, die er über Tausende von Kilometern pilotierte.
W. O. Bentley blieb bis zum Juni 1935 bei Rolls-Royce und ging anschließend als Technischer Direktor zur Firma Lagonda.
Sechseinhalb Jahrzehnte später stand die Marke Bentley ein weiteres Mal zur Disposition. Der Aviatik-Konzern Vickers, Besitzer von Rolls-Royce und Bentley, hatte deren Verkauf beschlossen. Am 5. Juni 1998 übernahm Volkswagen für umgerechnet 1,8 Milliarden D-Mark das Traditionsunternehmen.
Allerdings hatte Vickers-Boss Colin Chandler seinen Nobeltöchtern eine wichtige Mitgift nicht auf den Weg geben können: ihre Namen. Die Namensrechte sowohl für Bentley als auch für Rolls-Royce lagen nämlich nn beim BMW-Flugtriebwerkpartner Rolls-Royce plc, der zu 49 Prozent an der deutsch-britischen BMW Rolls-Royce GmbH, Oberursel, beteiligt war. Man einigte sich: Die Wolfsburger überließen den Münchnern Rolls-Royce, und BMW gab seinen Verzicht auf die Namensrechte Bentley zu Protokoll. Die Trennung erfolgte per 31. Dezember 2002.

Walter Owen Bentley, links am Lenkrad eines seiner ersten 3-Liter Tourenwagen, 1921.

»... die Probefahrt mit einem Benzin-Motorwagen erfolgte unter polizeilicher Aufsicht ...«

Kurt Doerry, Berichterstatter für die Berliner Illustrierte Nachtausgabe, 12. April 1933

Historische Automobilschau nannte sich jene Ausstellung in Deutschland, die in Mannheim Anfang April 1933 stattfand und erstmals explizit »Oldtimern« gewidmet war. »Hier wird die Entwicklung des Kraftfahrwesens in Deutschland von seinen ersten Anfängen an gezeigt,« berichtete der Reporter Kurt Doerry in der Berliner Illustrierten Nachtausgabe. »Eines der bemerkenswertesten Stücke der Ausstellung ist ein Führerschein aus dem Jahre 1893. Mit ihm bescheinigt der Stadtrat von Reichenberg dem Freiherrn Theodor von Liebieg, dass er Anfang des Jahres 1893 unter polizeilicher Aufsicht eine Probefahrt mit einem Benzin-Motorwagen unternommen hat und dass sich seit der Benutzung desselben nicht die geringste Beanstandung ergeben habe ...«

Baron Theodor von Liebieg (im hellen Anzug) vor dem Aufbruch mit seinem Benz von Reichenberg in Böhmen nach Paris, 1894.

Leider sei das Deutsche Museum in München nicht bereit gewesen, den ersten, 1885 entstandenen Benz-Viersitzer zur Verfügung zu stellen. »Zu den Exponaten der interessanten Schau zählen aber ein Benz von 1893, ein 4 PS Opel-Lutzmann von 1898, ein NAG von 1900, der erste Gräf & Stift aus Wien, der 1896 schon Vorderradantrieb aufwies, und da steht der Jagdwagen Kaiser Wilhelm II. aus dem Jahre 1911 sowie ein Tatra von 1899.«
Eine Besinnung auf historisches Kraftfahrwesen war in den frühen Dreißiger Jahren eigentlich kein Thema. Niemand sprach von »Oldtimern«. Doch es gab in Deutschland einen Club, der sich der Motor-Traditionspflege verschrieben hatte und bereits seit 1900 bestand, der Allgemeine Schnauferl-Club, gegründet von einer »kleinen Gruppe fortschrittlich gesonnener Männer, die sich als Konstrukteure und Produzenten, aber auch als Fahrer und Mechaniker für das junge,

Griswold Motor Carriage, 1902. Howard Griswold hatte den verkleideten Versuchswagen für seinen Freund Robert E. Sheldon, Präsident der Columbus Railway, Power & Light Company, gebaut.

zukunftsträchtige Fahrzeug begeistern konnten,« wie der ASC in seinen Annalen vermerkt. Alles, was in der Branche Rang und Namen hatte, trat dem ASC bei: Carl, Richard und Eugen Benz, Nikolaus Dürkopp, Gustav Ehrhardt, Heinrich Opel, Fritz Scheibler, Joseph Vollmer, gefolgt von August Horch, Heinrich Kleyer, Bernhard Stoewer, Ferdiand Porsche, Carl F. W. Borgward, Ettore Bugatti, Heinrich Büssing, Ernst Sachs, Rudolf Diesel, Gustav Braunbeck, Fritz Nallinger, Carl Jörns, Christian Lautenschlager, Rudolf Caracciola, Alfred Neubauer, Heinrich Nordhoff, Joachim Zahn, Ernst-August Teves, Hellmuth Butenuth, Helm und Walter Glöckler …

Den Begriff »Schnauferl« führt man auf die ersten Autos in Bayern zurück; mit ihren Einzylindermotoren mussten sie an Steigungen tüchtig schnaufen. Was manchmal nur im höher übersetzten Rückwärtsgang gelang. Als Schrecken aller »Schnauferlbrüder« galt der berüchtigte Zirler Berg in Tirol mit 16 Prozent Steigung. Kaum ein Kühler, dessen Wasser nicht bereits auf halber Bergeshöhe kochte … Die fortschrittlichsten Menschen seien noch immer die Narren gewesen, schrieb der Autor Alexander Spoerl im Vorwort zu seinem Schnauferl-Buch: »Und man galt als Narr, wenn man sich anno 1900 mit dem Automobil abgab.«

Auch Theodor Freiherr von Liebieg (1872–1939), Inhaber des ersten Führerscheins der Welt, hätte man als einen solchen »Narr« bezeichnen dürfen. Er war der Sohn eines Tuchfabrikanten in Reichenberg, Böhmen (heute Liberec), einer der in dieser Branche bedeutendsten Unternehmer in Österreich-Ungarn; dessen Brüder und Vettern betrieben ebenfalls Spinnereien und Textilfabriken, deren Gründung zum Teil auf das frühe 18. Jahrhundert zurückging. Der wohlhabende Unternehmersohn gehörte zu den ersten, die in Böhmen einen Benz-Wagen erwarben und damit auch Langstreckenreisen unternahmen. Liebiegs Benz Victoria war das Exemplar mit der Fabriknummer 76 und steht heute im Technischen Nationalmuseum in Prag. Theodor von Liebieg hatte den Wagen bei Carl Benz persönlich gekauft und war hierzu im Oktober 1893 eigens nach Mannheim gekommen. Der Victoria gelangte per Eisenbahn nach Reichenberg.

> »Die fortschrittlichsten Menschen sind noch immer die Narren gewesen!«
>
> *Alexander Spoerl*

Mit diesem Benz Victoria unternahm der junge Baron im Juli-August 1894 eine ausgedehnte Reise, die ihn in Begleitung seines Freundes Franz Stransky von Reichenberg über Mannheim, wo sie Carl Benz besuchten, nach Gondorf an der Mosel führte, weil seine Familie hier ein Weingut besaß (das dazugehörige Schloss Niederburg trägt noch heute den Namen Liebieg). Die beiden setzten ihre Fahrt bis nach Reims fort, eine gewaltige Leistung. In Anbetracht der geringen Motorleistung seines Fahrzeugs und der damaligen Straßenverhältnisse war ein Schnitt von 13,5 km/h über 2500 Kilometer Strecke nicht schlecht. Im Sudentendeutschen Verlag Franz Kraus erschien 1938 ein Buch über die erste Langstreckenfahrt Liebiegs und Starnskys.

Mit seiner Fahrt hatte Baron Liebieg das Vertrauen von Carl Benz gewonnen, der ihm anbot, einen seiner Wagen beim ersten deutschen Stadt-zu-Stadt-Rennen Berlin–Leipzig am 20. September 1899 zu fahren. Baron Liebieg siegte. Vier Wochen später nahm er am 22. Oktober 1899 – diesmal auf einem Nesselsdorfer Wagen – am ersten Internationalen Rennen in Wien teil, das über eine Strecke von 228 Kilometer führte, um den Wagen anschließend auf der Wiener Jubiläums-Ausstellung zu zeigen. Mit Nesselsdorfer Wagen (später hießen sie Tatra) beteiligte sich Baron Liebieg an weiteren sportlichen Veranstaltungen. Für ihn baute man in Nesselsdorf schließlich einen speziellen Rennwagen mit sehr niedrigem Rahmen, konstruiert von dem dort langjährig tätigen Hans Ledwinka.

Alle packen mit an! Radwechsel bei einem Wanderer, 1928. Auf eine solche Fahrtunterbrechung musste man jederzeit gefasst sein.

Hannover-Linden, 1926. Die Firma Hanomag ist der größte Arbeitgeber in der Region, das »Kommissbrot« der populärste deutsche Kleinwagen vor Erscheinen des Dixi 3/15 PS.

Ankunft von drei Adler am Abend vor der Eröffnung des Pariser Salons, 1930.

Links: Ein BMW 3/15 PS auf dem Hof der BMW-Vertretung Glöckler in Frankfurt am Main, 1933.

Versuch, eine Wette zu gewinnen – mit einem modifizierten Ford Model T, San Francisco 1911.

Kein Treppenwitz 1940: Willys Quad 4x4 auf dem Weg zum US-Militär-Erfolgsmodell namens Jeep.

Oben: Treppenwitz 1905. Wie das Ultramobil die Journalisten beeindrucken sollte.

Rechts: Ein 1924er Dodge auf den Stufen des Capitols (es war mitnichten ein Versuch, die Regierung zu attackieren!).

Oben: 1961 machte sich der neue Renault 4 auf den steilen Weg, dem VW-Käfer Kunden abzujagen. In den oberen Etagen sakraler Bauwerke sollte offenbar damit begonnen werden... Während seiner mehr als 30-jährigen Produktionszeit wurden vom ihm 8,1 Millionen Stück hergestellt – damit war dieses Auto das am weitesten verbreitete französischer Herkunft.

Rechts: Wer den Schaden hat, braucht für den Spott nicht zu sorgen ...

»Ich kann mir einen Erfolg unserer Autos in Amerika nicht vorstellen!«

Sir William Lyons, Jaguar Chief Executive Officer, 1950

Einen Mann wie William Lyons bezeichnete man einst als »self made man«; damit war jemand gemeint, der es aus eigener Kraft geschafft hatte, zu Ansehen und Vermögen zu kommen. Der Brite Lyons war so einer. Mit einem bescheidenen Bankdarlehen, für das sein Vater bürgen musste (weil Billy noch nicht volljährig und ohne festes Einkommen auch nicht kreditwürdig war), baute er ein Unternehmen auf, das knapp zehn Jahre später schon in ganz Europa bekannt war, erst durch Motorrad-Seitenwagen, dann durch besonders attraktive Automobile.

Von niemandem ließ sich William Lyons in sein Business hineinreden. Alle Entscheidungen traf er autark, er entwarf auch die Karosserien für seine Fahrzeuge lange Zeit selbst. Als Zeit seines Lebens hart arbeitender Mensch forderte von anderen nicht mehr, aber auch nicht weniger als von sich selbst. Dennoch bekam er 1946 Probleme mit seinen Mitarbeitern: Sie streikten für kürzere Arbeitszeiten. Dem Boss erschien es zu früh, sich in Auseinandersetzungen mit gewerkschaftlichen Interessenvertretern verwickeln zu lassen. »Wenn wir jetzt unsere Kräfte in Arbeitskämpfen verschleißen, haben wir unsere Chancen verspielt«, sagte er. »Die 40-Stunden-Woche wird mit Sicherheit kommen. Aber wir machen uns etwas vor, wenn wir glauben, sie uns schon jetzt leisten zu können«. Seine Leute hatten verstanden.

Gelegentlich äußerte Lyons aber auch Zweifel hinsichtlich der Richtigkeit seiner Beschlüsse, und so glaubte er, dass sein 1948 vorgestellter Sportzweisitzer namens XK120 nicht genügend Käufer finden würde, um eine große Serie zu rechtfertigen. »Mehr als 240 Stück legen wir nicht auf, und ich frage mich, ob wir überhaupt so viele Bestellungen bekommen werden«, sagte er. Indes, vom XK120 sollten innerhalb von sechs Jahren mehr als 12.000 Stück gebaut und abgesetzt werden, die meisten davon in den USA. Heute zählt er zu den meistgesuchten Klassikern seiner Ära.

Und auch in Bezug auf den Markt in Amerika war der als kluger Geschäftsmann geschätzte William Lyons anfangs in einem Irrtum befangen. Noch 1950 glaubte er, auf Dauer würden seine Autos auf dem US-Markt »sich selbst im Wege stehen«. Lieber investierte er in den Motorsport, nachdem einige Privatfahrer schon in den dreißiger Jahren bewiesen hatten, dass man mit einem Jaguar Rennen und Rallyes gewinnen konnte. Doch gerade in den USA verzeichnete die Absatzkurve einen Aufwärtstrend. Und obwohl es 1958 in Amerika vorübergehend zu einer Krise gekommen war, stellte die britische Marke dort einen neuen Verkaufsrekord auf. Der steigerte sich weiterhin von Jahr zu Jahr; 1986 erreichte er mit 24.464 Fahrzeugen einen Höhepunkt. Eigenartigerweise hat Lyons zu Lebzeiten diese Exporterfolge stets mit Skepsis betrachtet. An eine Kontinuität glaubte er nicht. Seinen Exportmanager John Morgan hatte er 1950 wissen lassen: »Ihren verrückten Marketingplänen für Amerika kann ich nicht zustim-

men. Ich glaube nicht an deren Erfolg. Das da drüben ist doch ein ganz unbeständiger Markt!«
Lyons' unternehmerische Fähigkeiten, seine Kreativität und das Renommee seiner Produkte vermochten jene Entwicklung nicht zu kompensieren, die zum allgemeinen Niedergang der britischen Automobilindustrie im Verlauf der späten 1960er-Jahre führte und was nicht an einer vermeintlich schwachen Aufnahmefähigkeit des US-Marktes lag. Noch 1960 hatte Jaguar die Marke Daimler aus Coventry übernommen, doch der Beitritt zum Multi-Marken-Konzern BLMC im Jahre 1966 geschah bereits unter wirtschaftlichem Zwang. Lyons stand seinem Unternehmen bis 1972 vor. Hauptinstrumente des Marketing waren stets ein attraktives Design seiner leistungsstarken Wagen gewesen sowie deren Erfolge im Motorsport, doch die Sporteinsätze kosteten auf Dauer mehr als sie Profite – medial wie monetär – zu generieren vermochten.
Auf dem nordamerikanischen »volatile market« setzte Jaguar immerhin mehr Autos ab als in jedem anderen Land der Welt. Mit Fahrzeugen, die auch heute noch ganz in der Philosophie eines William Lyons gehalten sind. Als dieser 1956 in den Adelsstand erhoben wurde, bezog er die Auszeichnung auf das von ihm geleitete Unternehmen – nicht auf sich selbst. Sir William Lyons, Jahrgang 1901, starb im Jahr 1985.

Sir William Lyons erklärt seiner Ehefrau Besonderheiten des Jaguar E-Type; ein Foto von 1978.

10

Wochenend' und Sonnenschein: Rast am Busen der Natur

»We can eat in two minutes, dear!« Noch lange nach dem Ausschalten des Motors strahlt dieser genügend Wärme ab, um das Mittagessen in eigens dafür angefertigten Behältern lunchgerecht zu temperieren ...

Wochenendvergnügen 1930: Das Koffergrammophon gehört dazu. Im Hintergrund ein Austin Seven.

»Auf dem Trittbrett muss genügend Platz für den Picknickkorb und einen Champagnerkübel sein«

David Scott-Moncrieff, Gentleman, 1954

In England galten bis zum November 1896 Gesetze, die das Benutzen eines Automobils so stark einschränkten, dass es keinen Sinn machte, sich ein solches überhaupt anzuschaffen. Danach aber gaben die Briten Gas, und mit einer rührigen Motorindustrie entwickelte sich eine neue Weekend-Kultur. Sie lässt sich unter dem Begriff »Picknick« zusammenfassen. Das Einnehmen einer englischen Gourmet-Mahlzeit im Freien fernab der eigenen Wohnung, sei es auf dem Boden einer Waldlichtung oder auf Klappgestühl im New Forest oder im Dartmoore Park, war zwar auch schon vorher eine Leidenschaft wohlhabender Bürger gewesen, die zu diesem Behufe mit einer Pferdekutsche einen regenfreien Sonntag nutzten, um sich draußen zu erholen, doch mit Aufkommen des Automobiltourismus wurde das Picknick zu einem britannischen Volkssport.

Zum Ritual der Freiluft-Nahrungsaufnahme gehörte zwingend ein Teekocher, meist mit Spiritus betrieben. Proviant, Geschirr und Besteck wurden in Körben mitgeführt. Oft fanden sich mehrere Familien zu Picknick-Ausflügen zusammen, und es entstanden regelrechte Picknick-Areale, wo zur Mittagszeit Hunderte von Ausflüglern ihre Ham-and-Cheese-Sandwiches gemeinsam verzehrten.

Diversen Quellen zufolge kommt das Wort Picknick aus dem Französischen, wo es pique-nique geschrieben wird. Laut dem Standardwerk »Origines de la Langue Française« soll es im Jahr 1692 zum ersten Mal aufgetaucht sein. Es heißt dort, es setze sich aus »piquer« für aufpicken und »nique« für Kleinigkeit zusammen. Natürlich beanspruchen die Briten die Herkunft des Begriffs für sich. Als Beleg wird ein Brief des englischen Lord Chesterfield an seinen Sohn aus dem Jahr 1748 angeführt, in dem dieser eine Versammlung als »picnic« bezeichnete, wobei es allerdings nicht ums Futtern unter freiem Himmel ging.

Die Historiker rätseln: Haben Franzosen oder Engländer das Picknick erfunden?

Fuhren Herrschaften von Rang ins Grüne, um dort bei Grammophonklängen und lockeren Gesprächen gesellschaftliche Erbauung zu finden, durfte Champagner nicht fehlen. Denn der bei rasanter Fahrt im offenen Automobil geschluckte Straßenstaub verlangte ein Befeuchten der Kehlen, eine medizinisch notwendige Maßnahme, für die selbst der beste Sahnetee nicht geeignet war; diesen zu genießen war ja auch eher ein religiöses Ritual. Aber »bubbly» durfte man nicht etwa auf einer Reisedecke am Boden kauernd zu sich nehmen. »Ein perfekter Tourenwagen«, so wusste David Scott-Moncrieff 1932 zu definieren, »sollte über Trittbretter verfügen, die breit genug sind, um ausreichend Platz für zwei Personen zu bieten sowie für einen Picknickkorb samt Champagnerkübel zwischen ihnen«. Den Champagner haben die Briten aber nicht erfunden.

Angenehmer als auf dem von Bunty Scott-Moncrieff (rechts im Schwiegermuttersitz eines Rolls-Royce Silver Ghost) gepriesenen Trittbrett picknickt es sich auf mitgeführtem Klappmobiliar – zumindest, wenn man amerikanischer Outdoor-Urlauber ist.

Oben: Die High Society von Inverness, Schottland, vermutlich unterwegs zu einer Whiskydestillerie (1908).

Ausflug mit der ganzen Familie – und mit Gleitschutzketten an den hinteren Rädern (1909).

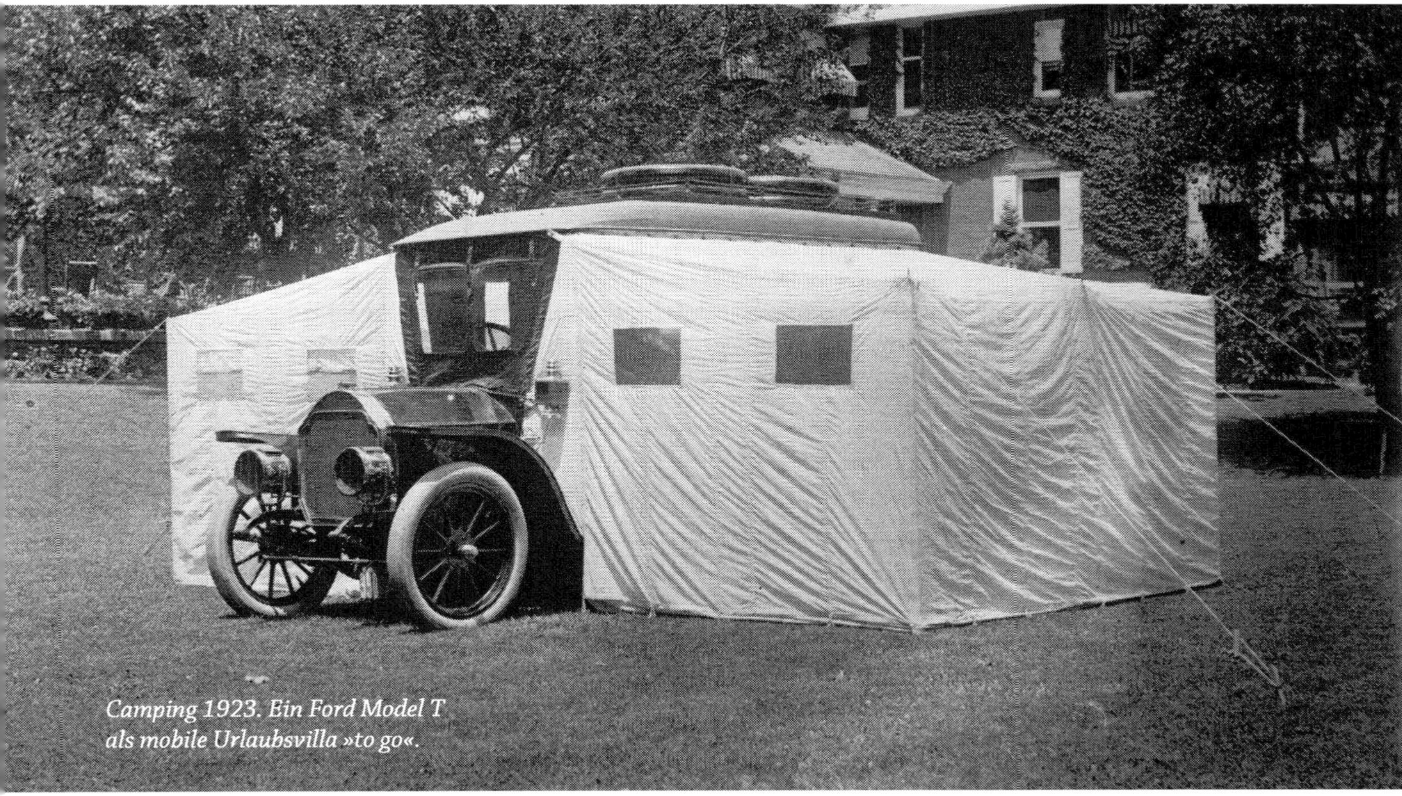

Camping 1923. Ein Ford Model T als mobile Urlaubsvilla »to go«.

Auch unter diesem rollenden Zweitwohnsitz im Zirkuswagen-Design verbirgt sich ein Ford Model T.

Dieses schnittige Wohnmobil (1,5 t Commer-Chassis) wurde 1927 auf der London Motor Show gezeigt.

Rechts: Wer darf mitfahren im Brennabor, wer muss zu Fuß gehen?

Als die Autos noch keinen Kofferraum hatten: »Wie schade, dass wir das Grammophon nicht mitnehmen konnten ...«.

Oben: Picknick-Ausflug mit einem 1947er Nash Airflyte.

Links: »Ich beurteile Männer nach ihren Ansichten über Frauen, die ihren Fünf-Uhr-Tee im Auto einzunehmen pflegen, Mr. Nockelfield …«

»... noch ein bis zwei Kleiderhaken im Fond der Limousine wären vielleicht wünschenswert ...«

F.A.E. Martin, Automobiltester, 1930

Zu Beginn der Dreißiger Jahre, als nur jeder 130. Deutsche ein Automobil besaß, waren Fahrzeugerprobungen durch Motorjournalisten noch selten. Man begnügte sich mit den Angaben der Hersteller oder berief sich auf Beurteilungen durch Käufer. Den Beruf des »Testers« gab es noch nicht, und wer sich zum Kritiker berufen fühlte, durfte sich glücklich schätzen, wenn ihm eine Automobilfabrik eines ihrer Erzeugnisse zu einer kürzeren oder längeren Probefahrt überließ.

Das war auch dem Tenor der Testberichte zu entnehmen. »Das starke Beschleunigungsvermögen und die Fähigkeit, Berghänge mit anwachsender Geschwindigkeit zu erklimmen, während andere Fahrzeuge mühsam einen niederen Gang benutzten«, bereitete dem Diplom-Ingenieur Ernst Friedlaender, der 1930 den neuen Hanomag 4/20 PS zur Probe fuhr, »einen außerordentlichen Genuss«.

Friedlaender in Motor und Sport: »Gemessen an diesen so hervorragenden Eigenschaften, sind alle kleinen, noch bestehenden Mängel in Kauf zu nehmen.« Und Oberingenieur F. A. E. Martin, der im selben Jahr für das nämliche Blatt den neuen Brennabor Juwel Extra getestet hatte, eröffnete seinen Bericht mit einem offenbar tiefempfundenen Dank für »die schwarze, vierfenstrige Innensteuerlimousine, welche mir die Brennabor-Werke liebenswürdigerweise zur Verfügung stellten«. Einzige Kritik: Es sei vielleicht wünschenswert, »im Fond der Limousine noch ein bis zwei Kleiderhaken anzubringen.«

Besonders erfreut war der Herausgeber des in London erscheinenden Blattes The Autocar, dass er im Oktober 1900 die Gelegenheit erhalten hatte, den von einem Gentleman namens C. S. Rolls im Frühjahr erworbenen Panhard-Levassor 12 HP probefahren zu dürfen. Herbert O. Duncan: »Es ist sein erfolgreicher Rennwagen, den kennenzulernen mir der ehrenwerte Mr. Rolls mittels einer Postkarte angeboten hat, auf den wunderbaren Landstraßen im Norden von Paris. Ein großartiger Motorwagen, und mich packte ein Geschwindigkeitsrausch auf den morgendlichen leeren Chausseen Richtung Rouen... Zu beachten hatte ich lediglich, stets genügend Petroleum im Reservoir zu haben, und es galt, regelmäßig anzuhalten, um sich der ausreichenden Motorschmierung zu vergewissern ...« Nähere technische Angaben blieb Duncan seinen Lesern schuldig, dafür unterhielt er sie mit langatmigen Ausführungen über die Schönheit der nordfranzösischen Landschaft, schwärmte von Picknick- und Lunchpausen, mokierte sich über strenge Polizeikontrollen – die dem Kraftstoffvorrat galten. Denn auf das Verbringen von Petroleum in größere Städte wurden Gebühren erhoben.

Die in Begleitung durch den prominenten Autobesitzer C. S. Rolls sich über drei Tage erstreckende Probefahrt mit dem Petroleum-Renn- wagen wurde in Leserbriefen eifrig kommentiert. Das Auto war vielen ihnen wohlbekannt: Das sensationelle Tempo von etwas mehr als 43 Meilen (70 km/h) bei einem Schnitt von 37,63 mph (60,56 km/h), das Mr. Rolls mit die-

25 Brandenburgische PS: Brennabor 1,6 Liter Typ R,1926, und sein stolzer Gebieter. Ob auch er Kleiderhaken im Fond vermisste, ist uns nicht überliefert.

Unten: »Kleiderhaken? Wozu? Unser Auto hat doch einen riesengroßen Kofferraum!«

sem Panhard-Levassor beim britischen 1000 Miles Trial im April des gleichen Jahres sowie jenes, das er beim Taddington Hillclimb erzielt hatte: 17,77 Meilen pro Stunde (28,6 km/h) hatten für Aufsehen gesorgt. Nur 35 von 83 Startern hatten die Tausendmeilenfahrt durchgehalten. Für seine eindrucksvolle Performance war Charles Stewart Rolls mit einer Goldmedaille ausgezeichnet worden.

11

... mir passiert so etwas nie!

erst kein Glück, dann auch noch Pech gehabt?

Oben: In der städtischen Kanalisation haben Automobile eigentlich nichts zu suchen, auch nicht an einem Januarmorgen im Jahre 1928.

Links: Wie immer das passieren konnte: Vollkaskoversichert war Leslie Jones nicht.

Missgeschicke, Pech und Pannen: Nicht immer bewahrt uns die schützende Hand des Heiligen Christophorus vor Ungemach.

Amerikanischer Ford 1936 – dem die Zusammenfaltung knapp erspart geblieben ist.

Links: Rempelei mit einem Hydranten – feuchtes Missvergnügen auch für alle Anrainer ...!

»… vordere Achse verbogen, viel Kühlung notwendig, ein Huhn überfahren, Wagen war nicht mehr anzukurbeln …«

Unbekannter, geplagter österreichischer Automobilist, 1908

Als im August 1914 der Erste Weltkrieg ausbrach, hatte das Automobil einen gewissen Reifegrad erreicht. Es gab bereits elektrische Anlasser und Lichtanlagen sowie Motoren, die hohen Belastungen standhielten. Und immer mehr Benzinstationen; der Gang zur Apotheke oder Drogerie, um Treibstoff in Ballonflaschen einzukaufen, gehörte der Vergangenheit an. Nur die Künste des Dorfschmieds waren noch gefragt, wenn Achs- oder Federbruch der Landpartie ein vorzeitiges Ende gesetzt hatten. Spezialwerkstätten gab es nicht viele, ein Chauffeur musste in der Lage sein, das ihm anvertraute Fahrzeug zu warten und im Pannenfall mit Bordmitteln wieder flott zu machen.

Sattsam war die Situation bekannt, in welcher ein Bauer gebeten werden musste, ein Pferd vor den defekten Motorwagen zu spannen, um diesen im Zottelgang zum nächsten Dorfschmied zu bringen... zum Gaudium der Dorfjugend... Die Schmiede war ja auch zuständig für Reparaturen an Pferdekutschen und Landmaschinen; man verstand sich dort auf viele Gewerke und kunstfertige Improvisationen, die in der Regel länger hielten als so manches Industrieprodukt. Vielen Schmieden war eine Stellmacherei angeschlossen. Wurden von der Autofabrik Ersatzteile geordert, konnte es eine Woche oder länger dauern, bis sie eintrafen und von der nächsten Bahnstation abgeholt werden mussten.

Einen für die Zeit der Pioniertage typischen Autofahrer-Alltag schilderte ein unbekannter Tagebuchschreiber aus Österreich, dessen Aufzeichnungen Barbara Haubner in ihrer 1998 erschienenen Dokumentation »Nervenkitzel und Freizeitvergnügen« wiedergegeben hat. Dort heißt es: »Melk ab 3 Uhr, Linz an 10 Uhr. Zündungsfehler. Viel Kühlung notwendig … Ein Huhn überfahren. Arnsdorf-Schiltern: eine Schandstraße, vordere Achse verbogen … Wollten per Auto nach Hochscharten. War leider nicht mehr anzukurbeln. Ganzen Tag an Zündung gearbeitet. Nächster Tag Melk-Linz. Hinter Enns Panne. Abschleppen nach Asten, wo wir vor dem Wirtshaus, umgeben von 50 Bauern, den Motor zerlegen. Die Zündung war verstellt, ein Kolbenring gesprungen, der im Zylinder auf kleine Teile zerstoßen war... Neuer Kolbenring. Zahnräder der dritten Geschwindigkeit in Reparatur gegeben, Wagen jetzt erst einmal unbrauchbar … Wollten Mama zur Bahn bringen, doch gleich hinter Weizenkirchen bricht Zündkerze. Haben keinen Ersatz. Zug versäumt. Auto mit Pferden nach Haus gezogen …« Es kam gar nicht so selten vor, dass ein Automobilausflug von einer solchen Fülle von Pech und Pannen überschattet wurde. Gut ausgebildete Chauffeure vermochten die eine oder andere Reparatur an Ort und Stelle auszuführen, doch Amateure und »Herrenfahrer« waren auf Hilfe angewiesen.

Wir wissen nicht, um welches Fabrikat es sich bei dem Unglückswagen handelte. Die in Werbeanzeigen der Hersteller gern abgedruckten Lobpreisungen lasen sich ganz anders.

Oben: Es geschah im Berliner Grunewald: Unsanfte Begegnung im Sommer 1934 – Stoewer vs. Hudson.

Am Lenkrad dieses Baker Electric von 1913, so könnte man argwöhnen, habe Oma Duck oder einer ihrer Entenhausener Enkel gesessen …

Der Chauffeur dieses 1930er Ford AA hat Glück im Unglück gehabt – aber wie ist er trockenen Fußes aus seiner Kabine herausgekommen?

Schlimmer dürfte sich die Situation für die Insassen dieses 1937er Plymouth dargestellt haben, nachdem sie im eisigen Boston River gelandet waren.

Oben: »Das Auto gehört Ihrer Schwiegermutter, sagen Sie? Dann werde ich davon absehen, Ihnen 100 Dollar Strafe abzuknöpfen, Sir …«

Mercury 1952 mit eingebauter Vorrichtung zur Heißwasser-Motorwäsche.

»… welches Automobil kann auf so kurze Entfernung überhaupt anhalten?«

aus Franz Kafkas Reisetagebuch, 1911

Mit zunehmender Dichte des motorisierten Verkehrs auf deutschen Straßen wurden in den einzelnen Landesteilen neue Verordnungen erlassen mit der Zielsetzung, die Unfallgefahren zu senken. Aber erst nach und nach wurden die Vorschriften normiert und der Verkehr wirkungsvoll reguliert. Nicht alle ergriffenen Maßnahmen erwiesen sich auf lange Sicht als erfolgreich. Im Jahr 1907 war das Risiko, bei Unfällen im Straßenverkehr zu sterben, in Relation zum Kraftfahrzeugbestand 62-mal so hoch wie hundert Jahre später. Nicht vor 1909 erließ der Kaiser das erste Kraftfahrgesetz für das Deutsche Reich, eine Art Vorläufer unserer Straßenverkehrsordnung.

Unfälle mit Motorfahrzeugen akzeptierte die Gesellschaft indes als unvermeidliches Übel. Gab es im Verkehrswesen doch allenthalben ebenfalls Unglücksfälle mit Pferdefuhrwerken aller Art und auch mit der Eisenbahn …

Wer hätte besser als ein großer Literat den Her- und Ausgang eines Automobilunfalls zu einer Zeit beschreiben können, als sich die meisten Velozipedisten, Kutscher und Autochauffeure noch nicht an Verkehrsregelungen hielten? Auf seiner zweiten Reise nach Paris im Jahre 1911 wurde der Dichter Franz Kafka Zeuge einer Karambolage, über die er in seinem Tagebuch festhielt: »Auf dem Asphaltpflaster sind die Automobile leichter zu dirigieren aber auch schwerer einzuhalten. Besonders wenn ein einzelner Privatmann am Steuer sitzt, der die Größe der Straßen, den schönen Tag, sein leichtes Automobil, seine Chauffeurkenntnisse für eine kleine Geschäftsfahrt ausnützt und dabei an Kreuzungsstellen sich mit dem Wagen so winden soll, wie die Fußgänger auf dem Trottoir. Darum fährt ein solches Automobil knapp vor der Einfahrt in eine kleine Gasse noch auf dem großen Platz in ein Tricycle hinein, hält aber elegant, tut ihm nicht viel, tritt ihm förmlich nur auf den Fuß, aber während ein Fußgänger mit einem solchen Tritt desto rascher weiter eilt, bleibt das Tricycle stehen und hat das Vorderrad verkrümmt. Der Bäckerge- hilfe, der auf diesem Wagen vollständig sorglos mit jenem den Dreirädern eigenen schwerfälligen Schwanken dahingefahren ist, steigt ab, trifft den Automobilisten, der ebenfalls absteigt und macht ihm Vorwürfe, die durch den Respekt vor einem Automobilbesitzer gedämpft und durch die Furcht vor seinem Chef angefeuert werden. Es handelt sich nun zuerst darum zu erklären, wie es zu dem Unfall gekommen ist. Der Automobilbesitzer stellt mit seinen erhobenen Handflächen das heranfahrende Automobil dar, da sieht er das Tricycle, das ihm in die Quere kommt, die rechte Hand löst sich ab und warnt durch Hin- und Herfuchteln das Tricycle, das Gesicht ist besorgt: welches Automobil kann auf so kurze Entfernung überhaupt anhalten? Wird es das Tricycle einsehen und

Der arme Bäckergehilfe auf dem Tricycle hatte nicht aufgepasst.

dem Automobil den Vortritt lassen? Nein, es ist zu spät, die Linke lässt vom Warnen ab, beide Hände vereinigen sich zum Unglücksstoß, die Knie knicken ein, um den letzten Augenblick zu beobachten.
Dagegen kann der Bäckergehilfe nicht gut aufkommen. Erstens ist der Automobilist ein gebildeter lebhafter Mann, zweitens ist dieser bis jetzt im Automobil gesessen, hat sich ausgeruht, kann sich bald wieder hineinsetzen und weiter ausruhen und drittens hat er von der Höhe des Automobils den Vorgang wirklich besser gesehen. Einige Leute haben sich inzwischen angesammelt und stehen, wie es die Darstellung des Automobilisten verdient, vor ihm.
Der Verkehr muss sich inzwischen ohne den Platz behelfen, den diese Gesellschaft einnimmt, die überdies nach den Einfällen des Automobilisten hin und her rückt. So ziehen zum Beinspiel einmal alle zum Tricycle, um den Schaden einmal genauer anzusehen. Der Automobilist hält ihn nicht für arg (einige halten in mäßig lauten Unterredungen zu ihm), trotzdem er sich nicht mit dem bloßen Hinschauen begnügt, sondern rund herumgeht, oben hinein und unten durch schaut. Einer, der schreien will, setzt sich, da der Automobilist Schreien nicht braucht, für das Tricycle ein; er bekommt aber gute und laute Antworten von einem neu auftretenden Mann, welcher der Begleiter des Automobilisten gewesen ist. Einige Male müssen die Zuhörer zusammen lachen, beruhigen sich aber immer mit neuen sachlichen Einfällen. Nun besteht eigentlich keine große Meinungsverschiedenheit zwischen Automobilist und Bäckerjunge, der Automobilist sieht sich von einer kleinen freundlichen Menschenmenge umgeben, die er überzeugt hat, der Bäckerjunge lässt von seinem Armeausstrecken und Vorwürfemachen langsam ab, der Automobilist leugnet ja nicht, dass er einen kleinen Schaden angerichtet hat, gibt auch durchaus dem Bäckerjungen nicht alle Schuld, beide haben Schuld, also keiner, solche Dinge kommen eben vor – und wie zur Belehrung über die allgemeinen Schwierigkeiten des Automobilfahrens ist ein Motoromnibus mitten auf dem Platz stehen geblieben …«

Mit solcher Fracht sich durch den Großstadtverkehr zu bewegen, war gewiss keine »brotlose Kunst«.

12

… die schafften das!

Wo das dicke Ende ist, ist nicht immer hinten

Der erste NAG Schwerlastzug auf einer Demonstrationstour mit Prominenz an Bord. Die Hartgummibeläge auf den Eisenrädern lassen vermuten, dass die Fuhre raue Kilometer absolviert hat.

Oben: Ford 1922 als Farmhelfer. Das T-Modell hat in hohem Maße dazu beigetragen, die Landwirtschaft zu motorisieren.

Unten: Eine Familie macht sich auf den Weg nach Kalifornien, wo alles besser sein soll … (1909)

Oben: Scania Lastwagen, 1905.

Rechts: GMC Reliance Zeitungstransporter, 1909.

Oben: Zwei Produkte im Begriff, Amerika zu erobern: das Automobil und eine dunkelbraune Limonade aus Atlanta, Georgia.

Französisches Militär-Ambulanzfahrzeug, 1914-18.

FWD steht für Four Wheel Drive. Der Kipper mit Allradantrieb ist eine Konstruktion von 1919.

Oben: »Ein Sandwich mit selbst eingekochter Pfirsichmarmelade, zwei Becher Kaffee … macht zusammen sechzig Cents.«

Oben: »… s'isch nur Cannstaster Trollinger in dene Fässle. Ebbes Besseres ka sich der Chef ned laischde …« (Daimler Motorlastwagen 1894).

Links: Der Reifenhersteller Goodyear ließ 1925 diesen Omnibus bauen, um an ihm den Betrieb mit vier gelenkten Vorderrädern zu erproben.

Automobildepot der Firma Berliet in der Gascogne, 1921. Die Fahrzeuge werden auf ihre Eignung mit Holzgasanlagen erprobt.

Unten: Vorführung einer mobilen Motorpumpe am Seine-Ufer, Paris 1912.

»Mit Kopf, Armen und Beinen
wäre das doch
ein ganz nettes Kerlchen!«

Edouard Michelin, Reifenfabrikant, 1898

Nunc est bibendum – jetzt wird ausgetrunken! So lautete schon vor 120 Jahren der Werbeslogan der französischen Reifenfirma Michelin. Mit »Austrinken« war aber eher »Schlucken« gemeint. Nicht ohne Grund hält die aus Gummireifen zusammengesetzte Figur – in Frankreich Bib genannt – einen Kelch mit undefinierbaren Gegenständen in die Höhe. Das sollte heißen: ein Michelin-Reifen schluckt alles, was auf der Straße liegt, ohne Schaden zu nehmen.

Zu einer Zeit, als Hufnägel, grobe Scherben und andere pannenverursachende Obstaklen noch in großer Zahl auf den Chausseen herumlagen, der Automobilist entsprechend oft anhalten und einen durchlöcherten Pneu wechseln musste, klang das Versprechen Michelins wie Musik in den Ohren der Chauffeure. Tatsächlich zeichneten sich Michelin-Reifen durch eine enorme Widerstandsfähigkeit aus, und die Popularität der Marke wuchs sehr schnell.

Die Idee zu dem Reifenmännchen, das noch lange in Gestalt eines beleuchteten Kunststoff-Maskottchens auf manchem Lkw-Fahrerhaus thronte, war 1898 dem damaligen Firmenchef Edouard Michelin gekommen. Auf einem Ausstellungsstand seiner Firma in Lyon hatte er zwei Säulen aus Autoreifen unterschiedlicher Größen erblickt und überrascht zu seinem Bruder André gesagt: »Es fehlen nur Kopf, Arme und Beine, und schon hätten wir ein ganz nettes Kerlchen …« Als einige Monate später der Grafiker Marius Rossillon, der sich O'Galop nannte, den Brüdern Michelin Entwürfe für eine Plakatserie vorlegte, stieß Edouard auf ein Blatt, mit dem dann alles anfing: Es zeigte einen stattlichen Biertrinker, der sein Glas hebt und den lateinischen Trinkspruch des Dichters Horaz zitiert: Nunc est bibendum.

Die Gebrüder André und Edouard Michelin.

Der Grafiker verwandelte den Trinker in ein Männchen aus (damals noch nicht durch Rußbeimischung schwarz gefärbten) Gummireifen, und aus dem Bierhumpen wurde ein Pokal voller Scherben und Nägel. Unverwüstlichkeit und Schluckvermögen des Michelin-Reifens waren amüsant und einprägsam dargestellt Monsieur Bibendum befand sich auf dem Wege, eine Berühmtheit zu werden.

Noch im Dezember des gleichen Jahres trat bei einer Fahrradausstellung ein Paris ein als Bibendum kostümierter Animateur auf dem Michelin-Stand auf und wurde zur Attraktion der Ausstellung. Die imposante

Auf allen in- und ausländischen Märkten sorgte Monsieur Bib von der Firma Michelin für Aufmerksamkeit.

Erscheinung der Figur entsprach dem Erscheinungsbild vieler Chauffeure, die im bauschigen Pelz und dickem Leder auf dem ungeschützten Bock der überwiegend offenen Automobile der Frühzeit Wind und Wetter trotzten.

Monsieur Bibendum respektive Bib wurde zu einem Symbol, das die Firma Michelin mit großer Konsequenz pflegte und weltweit in ihre Werbekampagnen einbezog. Er ist eine Kultfigur und eine Art Schutzpatron der Autofahrer geworden. Das Michelin-Männchen ist so französisch wie Donald Duck amerikanisch ist; es fehlt auf keiner Automobilausstellung und ist weltweit zu einem Begriff geworden.

»Wir müssen alle Fahrzeuge zurückrufen und sie mit einem Rückwärtsgang versehen!«

Carl F. W. Borgward, Produzent von Dreirad-Lieferwagen, 1926

Sommer 1926. Der 46-jährige Unternehmer Carl Friedrich Wilhelm Borgward ist Chef einer kleinen, aber aufstrebenden Automobilfabrik in Bremen, die einen gut verkäuflichen Dreirad-Transportwagen herstellt, Goliath genannt und hervorgegangen aus Borgwards so genanntem »Blitzkarren«. Das einem Motorrad ähnelnde Vehikel wird durch einen 350-ccm-Motor der Firma Ilo angetrieben; acht Fahrzeuge verlassen pro Arbeitstag die Werkhalle.

Der Borgward-Chronist Christian Hilker hat die Stationen des Unternehmens 1941 in einem Buch festgehalten, und darin beschreibt er auch die erste Rückrufaktion der deutschen Automobilgeschichte, die Borgward und seinen Partner Tecklenborg fast in die Pleite getrieben hätte. Denn den Herren war eine polizeiliche Verfügung auf den Tisch geflattert, die schwerwiegende Konsequenzen nach sich zu ziehen drohte. Alle Dreiradwagen der Marke Goliath, so stand in dem Schreiben, seien aus dem Verkehr zu ziehen, weil sie entgegen den polizeilichen Vorschriften keinen Rückwärtsgang aufwiesen.

»Dann werden wir nicht drum herum kommen: Wir müssen alle bereits ausgelieferten Wagen ins Werk zurückrufen und mit einem Rückwärtsgang versehen!« Dazu müsse man leider alle Fahrzeuge gänzlich auseinandernehmen. »Und wer trägt die Kosten?« fragte Tecklenborg. Borgward: »Die werden wir schlucken müssen«.

Die Kosten für ein neues Getriebe und dessen Einbau in mindestens 200 Wagen waren für einen kleinen Betrieb nur schwer zu stemmen. Denn in der Zeit, die für diese kosten- und personalintensive Aktion aufgewendet werden musste, konnten ja keine neuen Fahrzeuge produziert werden; der Umsatzausfall war enorm.

> Ein Brief kam vom Polizeipräsidium, der die erste Rückrufaktion in der deutschen Automobilgeschichte zur Folge hatte.

Borgward und seine Mitstreiter bewältigten die Herausforderung in ungezählten Überstunden – und damit retteten sie die Reputation der jungen Marke Goliath.

Mit Dreiradwagen, die es in diversen Ausführungen bis 1961 geben sollte, hatte Borgward so großen Erfolg, dass er schon 1929-30 die zwar traditionsreiche, aber abgewirtschaftete Automobilfabrik Hansa- Lloyd übernehmen konnte. Gemeinsam mit seinem Partner Tecklenborg vereinigte er zwei Jahre später beide Unternehmen zur Firma Hansa-Lloyd und Goliath-Werke Borgward & Tecklenborg. Ab Anfang 1938 war Borgward alleiniger Firmeninhaber.

Nach dem Kriege kam Carl F. W. Borgward für neun Monate in amerikanische Internierung. 1948 durfte er seine Fabriken wieder betreten. Erst mit Lastwagen, dann mit seinen erneut Goliath genannten Drei- und Vierradwagen, dem neuen Borgward Hansa

Borgwards Blitzkarren besaßen keinen Rückwärtsgang – doch die Bremer Polizeibehörden bestanden auf einer Nachrüstung.

Carl F. W. Borgward (Mitte) verstand sich auf eindrucksvolle Präsentierung, hier mit seiner ersten Ponton-Limousine, 1949.

1500, Vorgänger der Isabella, sowie dem Kleinwagen Lloyd verschaffte sich der fleißige und stets zuversichtliche Unternehmer Marktpräsenz. Noch lange gehörten dreirädrige Lieferwagen zum Verkehrsbild der Städte, zumal sie in den Genuss einer niedrigeren Steuerklasse kamen. Handwerk und Kleingewerbe waren mit dem 14 PS schwachen GD 750 bestens bedient; das 400-ccm-Fahrzeug kostete nur 3600 Mark und lief an die 60 km/h.

Anfang des Jahres 1961 musste Borgward wegen Liquiditätsproblemen seine Firmengruppe dem Bremer Staat übereignen, der zur Erhaltung der Arbeitsplätze eine Auffanggesellschaft gegründet hatte. Doch dilettantisches Management seitens der staatlich beauftragten Firmenlenker führte im Sommer des Jahres zum Konkurs. Es wurde gemunkelt, er sei auf Betreiben der Konkurrenz bewusst herbeigeführt worden Dass er zumindest unnötig gewesen war, erkannte man 1968, nachdem alle Gläubiger ausbezahlt worden waren.

13

General von Clausewitz meinte,
Krieg sei nichts anderes als

Politik mit anderen Mitteln

Kurz nach dem Kriegsausbruch im August 1914 wurden auch kanadische Truppenkontingente zur Vervollständigung ihrer Ausbildung nach England verschifft. Anfang 1915 begann der Einsatz dieser Truppen im Grabenkrieg in Frankreich. Die Kanadier hatten ihre eigenen Kampfgerätschaften mitgebracht.

Nobelklasse-Artillerie: Rolls-Royce Silver Ghost Baujahr 1911 in gepanzerter Ausführung.

Als die Amerikaner 1917 in den Ersten Weltkrieg eingriffen, verfügten sie über keine Tanks. Dieser französische Renault FT und der britische Hunchester hinter ihm wurden ihnen von ihren europäischen Waffenbrüdern überlassen und 1919 in die USA verbracht.

Chauffeur des Kaiserlichen Freiwilligen-Automobil-Corps, das nicht dem Heer unterstand (1914-18).

Austro-Daimler Landwehr-Train mit als Generator arbeitenden Benzinmotoren im jeweils ersten Wagen und elektrischen Radnabenmotoren in den Anhängern; 1917.

Links: Vorführung eines Ford Model T mit Raupenketten vor dem amerikanischen Generalstab, 1921.

Darf in Belfast auch im Halteverbot parken: Rolls-Royce Silver Ghost Baujahr 1915 in gepanzerter Ausführung.

Schützenpanzer A7V, Konstruktion Joseph Vollmer. Ein erster Prototyp entstand 1916 bei der DMG in Berlin-Marienfelde unter Einbeziehung der Berliner Maschinenfabrik Loeb & Co. Zwei Serien zu je zehn solcher 32 t schweren Kampfwagen wurden bei der DMG, bei Büssing in Braunschweig und bei Lanz in Mannheim gebaut.

Unten: Saurer Lastwagen der schweizerischen Armee, 1918.

»Das Automobil wird in künftigen Kriegen eine bedeutende Rolle spielen.«

Allgemeine Automobil-Zeitung, 12. Mai 1905

Das Automobil musste erst fast zwanzig Jahre alt werden, bevor das Kaiserliche Militär Deutschlands begann, sich mit dem Motorwagen näher zu beschäftigen. Zwar existierte seit dem 3. Juli 1899 der Kaiserliche Automobil-Club (KAC) mit einer großen Zahl überzeug- ter Automobilisten aus Kreisen der Aristokratie, der »gehobenen Stände« des Bürgertums sowie Regierungsbeamten, aber den meisten ging es weniger um die Verbreitung des Kraftfahrwesens als um ein Herauskehren eines elitären Status.

Als die für jeden Interessierten wahrnehmbare Perfektionierung des Motorwagens sich in immer bedeutenderen Schritten vollzog, begannen einige ranghohe Offiziere und Repräsentanten der großen Clubs Überlegungen anzustellen, wie das Automobil auch für Aufgaben des Militärs einzusetzen sein könnte. Federführend bei entsprechenden Initiativen war der Berliner Kommerzienrat Rudolf Freiherr von Brandenstein, Hauptmann der Reserve aus einer Familie mit großer Militärtradition. Im Oktober 1904 rief er als Generalsekretär des im KAC inkorporierten Deutschen Automobil-Clubs eine Kommission ins Leben zur Vorbereitung der Gründung eines Corps nach militärischer Ausrichtung. Wobei das Militär dieses der akademischen Umgangssprache entliehene Ersatzwort für Körperschaft »Korps« schrieb.

Wichtig war, für den Verband einen Vertreter des Hofes als Schirmherrn zu gewinnen – und dazu erklärte sich Prinz Heinrich von Preußen, der Bruder des Kaisers und Protektor des Deutschen Automobil-Verbandes, gerne bereit.

Ende 1904 entstand das paramilitärische Freiwilligen-Automobil-Corps. Bedingung für eine Aufnahme war die Mitgliedschaft im KAC und der Besitz eines Automobils. Jedes Mitglied hatte sich zu verpflichten, während eines Manövers mit seinem Wagen – und dazu einen Chauffeur, der »Angehöriger des Deutschen Reiches« zu sein hatte – zu militärischen Dienstleistungen zur Verfügung zu stellen. Auch Ersatzteile für den Reparaturfall. Es gab dafür vom Kriegsministerium eine Aufwandsentschädigung.

Die Mitglieder des Corps mussten sich eine Uniform zulegen, deren Ausführung der Kaiser höchstpersönlich genehmigt hatte. Das Tuch war grau, der Kragen rot, dazu trug man hellbraune Stiefel. Zum Habit gehörten ein schmucker Dolch und eine Pistole.

Am 6. Januar 1905 fand die offizielle Gründung des Corps statt. Es folgten lebhafte Aktivitäten dieser paramilitärischen Organisation, der sich binnen Kurzem mehr als einhundert Mitglieder anschlossen. 1914 war das Corps 430 Mann stark, darunter befanden sich viele Offiziere der Reserve. Meist waren es wohlhabende Adelige.

Wie in der Allgemeinen Automobil-Zeitung vom 12. Mai 1905 zu lesen war, würde »das Automobil in künftigen Kriegen eine bedeutende Rolle spielen«. Mit Recht werde seitens der verschiedenen Heeresverwaltungen dem Automobil großes Interesse entgegengebracht: »Es genügt schon der Hinweis, dass die Automobile der Stadt Paris allein im Stande sind, im Kriegsfalle weit mehr als hunderttausend Mann in wenigen Stunden an die Grenzen des Landes zu befördern, um auch das große Interesse der deutschen Regierung an der Entwicklung des Automobilwesens zu rechtfertigen«. Tatsache ist, dass am 6. und 7. September 1914 zwei Konvois von 600 Taxis genau dieses Unterfangen bewältigten und Gustav Braunbecks mit prophetischem Blick in die Glaskugel wahrgenommene Szenario Realität werden ließen.

Die Taxichauffeure der Seine-Metropole beförderten 6000 Reservisten und deren Ausrüstung aus dem Raum Paris in Nonstop-Konvois an die 145 Kilometer entfernte Marne-Front, um dort die 7. französische Infanteriedivision zu unterstützten. Die 1200 Taxis stellten den Rest und nur etwa ein Siebtel der in Paris verkehrenden Droschken dar, deren übrige Fahrer längst einberufen worden waren. An Bord jedes Taxis befanden sich fünf Mann, den Fahrer mitgezählt.

Kraftdroschken in militärische Sandkastenspiele einzubeziehen, kam der deutschen Heeresleitung nicht in den Sinn. Bei jedem Manöver waren ab 1905 jedoch Motorfahrzeuge mit von der Partie, und die Automobilindustrie ließ keine Gelegenheit aus, in der Werbung auf das Wohlwollen Seiner Majestät zu verweisen, die »im Falle eines Krieges von der Kraftfahr-Truppenführung erwartet wird«, wie der Kaiser an seinen Bruder am 15. September 1905 schrieb. In Sachsen, Bayern, Österreich und Ungarn entstanden ebenfalls Freiwilligen-Corps. Autobesitzer sahen eine Mitgliedschaft als ihre vaterländische Pflicht an. Ab Ende 1909 gab es auch ein Freiwilligen-Korps (das sich mit K schrieb) der Motorradfahrer: »Unsere schnellen Gehilfen der modernen Kriegsführung«, wie der Kaiser sie bezeichnete. Die Häufigkeit, mit der Wilhelm II. das Wort »Krieg« schon verwendete, bevor der hohe Opfer fordernde Weltkonflikt als Folge des Attentats von Sarajevo begann, war erschreckend.

Britischer Daimler Armeelastwagen, aufgenommen 1914.

»Durch diese hohle Gasse muss er kommen, der nächste Wagen ...«

Motto der Wegelagerer und Postkutschenräuber in präautomobiler Zeit

---

Als der Schriftsteller Alexandre Dumas der Ältere 1858 mit der Eisenbahn in St. Petersburg eintraf, um dort seine Reise durch Russland anzutreten, überließ Fürst Orloff, sein Gastgeber, ihm eine komfortable Equipage samt Pferdegespann und Kutscher, auch überreichte er dem Besucher seines Landes eine Peitsche. Sehr schön, befand Dumas, die werde ich dem Kutscher geben, auf dass er damit die Pferde befeure, sollten diese den Gehorsam verweigern... »Oh nein, Monsieur,« erwiderte der Aristokrat, »die Peitsche werden Sie selbst benötigen, um dem Kutscher eins überzuziehen, sollte dieser den Gehorsam verweigern!«

Raue Sitten im Transportgewerbe herrschten in Russland schon immer. Aber nicht nur dort, wie uns zum Beispiel die guten alten Westernfilme vor Augen führten. Wer unbewaffnet über Land reiste, riskierte sein Leben. Im Buschwerk lauernde Straßenräuber und Wegelagerer operierten, egal wo, zumeist erfolgreich nach dem Motto: Durch diese hohle Gasse muss er kommen, der nächste Wagen.

Der russische Zar gehörte zu den ersten Monarchen in Europa, die den Mut besaßen, sich auf Landpartien dem Motorwagen anzuvertrauen. Bewaffnet, versteht sich. Als viele Skeptiker noch Gefahren für Leib und Seele befürchteten, wenn sie in einem Automobil Platz nahmen, nicht nur eventueller Überfälle und Attentate wegen, gab es genügend Berater, die den Majestäten und anderen Hoheiten dringend davon abrieten, Reisen im pferdelosen Wagen zu unternehmen.

Dem deutschen Kaiser Wilhelm II. machte erst sein Bruder, Kronprinz Heinrich, das Autofahren schmackhaft. Umberto I., zur selben Zeit König von Italien, vermied es konsequent, sich im Kraftwagen sehen zu lassen (und fiel am 29. Juli 1900 in einer offenen Pferdekutsche einem Attentat zum Opfer). Der Kaiser Yoshihito von Japan, seit 1912 im Amt, unternahm seine erste Autoreise nicht vor 1925. Begeisterte Automobilmonarchen hingegen waren Edward VII, König der Briten, und sein ihm 1901 auf dem Thron folgender Sohn Georg V., ebenso König Alfonso XIII. von Spanien und Leopold II, König der Belgier.

Schon um die Jahrhundertwende gab es etliche französische und deutsche Motorwagen in den Remisen des Hofes zu St. Petersburg. Dem Zaren standen mehrere Daimler, Stoewer, NAG, Horch, Dürkopp, De-Dion-Bouton, Delaunay-Belleville und Renault zur Verfügung. Der Zar und seine Familie unternahmen häufig weite Ausfahrten, ließen dem Kaiserlich-Russischen Automobilclub materielle Unterstützung für die Ausrichtung von Langstreckenrennen angedeihen und ermutigten Geschäftsleute in Russland, sich dem Auto zuzuwenden. So gab es in Moskau und in St. Petersburg vor Ausbruch des Ersten Weltkrieges Vertretungen aller großen Marken Europas. Nur eine eigene Automobilindustrie vermochte sich in Russland damals nicht zu etablieren. Die in St. Petersburg 1905/06 entstandenen Marken Lessner und Jakovlecv & Fresé erlebten nur eine kurze Blütezeit und verschwanden schon bald wieder von der Bildfläche.

Durch ihre rege Teilnahme an Rennen und ihre Zuverlässigkeit hatte sich insbesondere die Marke Renault auch in Osteuropa einen ausgezeichneten Ruf erworben. Da die technisch hervorragenden Vierzylinder aus Paris zugleich sehr komfortabel ausgestattet waren, fanden sie bei den Kaufleuten und Aristokraten des zaristischen Russlands großen Anklang.

Das aufstrebende Automobilwesen in Russland erfuhr eine nachhaltige Unterbrechung, als das Attentat von Sarajewo 1914 den Ersten Weltkrieg auslöste – jetzt sah sich die Industrie des Landes mit anderen Sorgen konfrontiert. Dekadente Luxusautomobile westlichen Zuschnitts brauchte niemand, sie blieben in der späteren Sowjetunion nur mehr höchsten Regierungsvertretern vorbehalten.

Links: Der Fahrzeugpark des russischen Zaren umfasste Dutzende von Luxusautos aller bedeutender Fabrikate Europas.
Unten: Britische Kommunisten hatten dem Genossen Lenin einen Rolls-Royce mit Raupenketten zum Geschenk gemacht, der den Wagen bei einigen Vortragsreisen verwendete.

Unten: Prinz Georg Wilhelm von Braunschweig und Lüneburg verunglückte auf der Landstraße bei Nackel in der Mark Brandenburg am 20. Mai 1912 tödlich am Steuer seines Tourenwagens. Er war auf der Fahrt nach Kopenhagen zur Beerdigung seines Onkels, dem König von Dänemark.

Rechts: Generaldirektor und Hauptmann der Reserve Carl Schmidt am Steuer eines NSU, mit dem er 1908 strafpunktfrei die Prinz-Heinrich-Fahrt absolvierte.

Unten: Der Leibchauffeur des Zaren Nikolaus II. stand im Rang eines hohen Offiziers der Hofgarde.

Rechts oben: Der Eisenacher Dixi-Vertreter Oscar Büchel folgt dem Gestellungsbefehl im Geschäftswagen samt Chauffeur, August 1914.

Rechts: Meldefahrer des Signal Corps der American Expeditionary Forces (AEF) in Frankreich, August 1917.

Oben: Hispano-Suiza Ambulanzwagen des Spanischen Benefiz-Hospitals zu Neuilly, 1915.

Oben: Gut gesicherter Patient an Bord eines Bédélia Cycle Car, 1915.

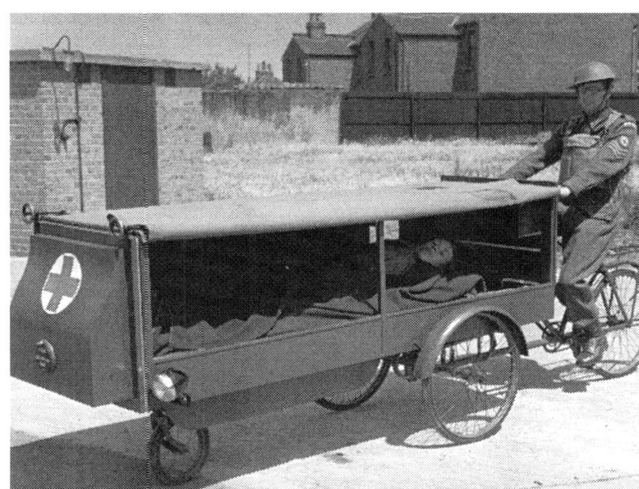

Rechts: Ambulanzfahrrad in London, 1941.

Oben: Die Generäle Dwight D. Eisenhower und Omar Bradley 1942 in Algerien. »Ike« Eisenhowers Dienstwagen ist ein Packard Eight.

Links: Amerikanische G.I.s auf den Philippinen im Einsatz gegen die Japaner, 1942.

Oben: Verschlissene und teils zerlegte Militärfahrzeuge der Amerikaner, 1945.

Links: Jede einzelne dieser Harleys hätte heute ihren Liebhaberwert – 1945 gab sie die US Army als »war surplus« meistbietend an den Schrotthandel ab.

Eiserner Vorhang? Ein Jeep des US Berichterstatter-Corps erregt die Neugier sowjetischer Soldaten und der Dorfjugend, wo immer die Begegnung stattfand (1951).

Links: VW Schwimmwagen, Baumuster 166 (konstruiert von Ferdinand Porsche und seinem Team). Von 1942 bis 1944 wuren von dem Fahrzeug 14.383 Stück hergestellt.

Oben: Mit Flaschengas betriebener Citroën 11 CV, 1946.

Paris, September 1944: Kann es einen schöneren Spielplatz geben als einen von der Wehrmacht zurückgelassenen VW Kübelwagen?

London, Mai 1945: The war is over! Aber nicht auf jeden heimkehrenden Tommy warten drei Bräute …

14

besser ruhender Verkehr
als gar kein Verkehr:

Schöner parken

Ford Galaxie Baujahr 1961:
Wenn die Leitplanke zur
Leidplanke wird...
'Rauf ging's ja munter,
doch wie wieder 'runter?

Oben: *Was die Kids der Bronx 1964 unter einer »Spielstraße« verstanden …*

Links: Obwohl viele Männer es nur ungern zugeben – meist sind es Frauen, die den Karren aus dem Dreck ziehen.

»Sorry, Sir – aber vor dem Postamt unserer Stadt bestand schon immer Halteverbot!«

Ein pflichtbewusster Polizeibeamter in Perth, 30. Dezember 1925

In Rekordzeit rund um Australien: Ein 35-jähriger Polizeibeamter aus Brisbane hat 2011 seinen Kontinent mit dem Fahrrad so schnell umrundet wie Pedaltreter vor ihm. Dave Alley war 37 Tage, 20 Stunden und 45 Minuten unterwegs. Im Schnitt radelte der Polizist pro Tag 377 Kilometer. Die von ihm bewältigte Straßendistanz betrug fast 24.000 Kilometer. Mit geländegängigen Allrad-Autos ist ein solches Vorhaben natürlich weniger strapaziös und auch schon mehrmals absolviert worden.

Die erste Umrundung Australiens mit einem Auto hat 1925 stattgefunden und über eine meist unwegsame Stecke von 17.100 Kilometern geführt, für die zwei sich abwechselnde Fahrer 148 Tage brauchten. Der Schnitt von 115 Kilometer pro Tag war erstaunlich hoch und ließ sich nur erzielen, weil sie auf den wenigen befestigten Straßen jener Zeit Tag und Nacht unterwegs waren – doch auf Offroad-Terrain kamen sie manchmal nicht mehr als 15 Kilometer in 24 Stunden voran. Der kleine 1923er Citroën 5 HP mit 850-ccm-Motor lief aber auch auf der Straße nicht schneller als 60 km/h.

Der Adventisten-Missionar Neville Westwood aus Perth hatte das Auto als Gebrauchtwagen gekauft und sich vorgenommen, mit einem Kollegen namens Davies von der gleichen theologischen Fakultät Australien zu umrunden und dabei möglichst vielen Menschen in abgelegenen Gegenden seinen Glauben zu predigen …

Viel Zeit konnten die beiden auf ihren Job aber nicht verwenden, denn sie hatten unendlich viel Mühe, voranzukommen. Und die meisten Wegstrecken, die sie befuhren, waren bestenfalls Ziegenpfade. Am 4. August 1925 starteten sie ihre Reise in Perth gegen den Uhrzeigersinn. Sie quälten ihr im fernen Paris gebautes Fahrzeug über endlose Sanddünen, durch Flussbetten, über Felsformationen – immer dem Küstenverlauf folgend – und durch tropisches Dickicht. Eingeborene halfen ihnen zuweilen, das Auto über unwegsames Gelände zu tragen. Manchmal mussten sie das Auto mit einem Flaschenzug von Baum zu Baum hieven. Es ging ihnen mehrere Male das Trinkwasser und erst recht das Benzin aus, dann waren Tagesmärsche mit Kanistern zur nächsten Ortschaft fällig, und das bei tropischer Hitze! Für 1000 km Treibstoffvorrat mit sich zu führen, war auch eine

Die meisten der 17.100 Kilometer, die das kleine Auto der beiden Prediger zu bewältigen hatte, stellten sich »offroad« dar.

Sydney, 1925: Noch brach der Verkehr in den Großstädten Australiens nicht zusammen …

Belastung für den kleinen, wenn auch sehr stabilen Wagen.

Auf den Ebenen mit Geröll-Oberfläche waren es dann Reifenpannen durch spitze Steine, die für Aufenthalte sorgten. Da ihnen das Flickzeug ausging, stopften die beiden Gottesdiener Gras und Blätter in die defekten Schläuche, um sich weiterbewegen zu können. Kurz vor Port Darwin legten sie eine mehrtägige Pause ein, die sie benutzten, um einen Vorrat neuer Schläuche aufzutreiben. 1925 ein Abenteuer für sich! Sie mussten sich mit Motorradschläuchen behelfen.

Neville Westwood und sein tapferer Citroën

Dann gab es Strecken mit knietiefen Schlaglöchern, die den Citroën fast in Stücke rissen. In sieben Tagen die letzten 2700 Kilometer zu absolvieren, war dann die endgültige große Belastungsprobe für den Wagen mit seinen bescheidenen 11 PS. Am 17. November 1925 erreichte das Duo Sydney. Doch das Finale nach Adelaide musste Parrer Westwood allein und ohne Ablösung absolvieren, denn sein Beifahrer Davies hatte sich inzwischen genervt und entkräftet verabschiedet.

Am 30. Dezember traf Neville Westwood nach fünfmonatiger Odyssee am Ziel, also in seiner Heimatstadt Perth ein. Sein Auto war dem endgültigen Zusammenbruch nahe. Westwood war der Überzeugung, dass nicht nur sein mitgeführtes Sortiment an Schraubenschlüsseln, sondern vor allem seine Gebete den Citroën davor bewahrt hätten, den Geist vorzeitig aufzugeben.

Eine riesige Menschenmenge hieß ihn in Perth Willkommen. Westwood stellte seinen Wagen vor dem Hauptpostamt ab, und Reportern sagte er, jetzt keinen einzigen Meter mehr weiterfahren zu können. Ein Polizeibeamter sah das anders und stelle dem erschöpften Helden am Steuer prompt einen Strafzettel aus: »Sorry, Sir, aber vor dem Postamt unserer Stadt besteht schon immer Halteverbot!« – also musste der (sündige) Falschparker Westwood zehn Shilling bezahlen, noch einmal einsteigen und sein leidgeprüftes Auto woanders abstellen. Ausgerechnet in letzter Minute hatte der himmlische Beistand versagt; umso enthusiastischer der irdische Applaus … Der tapfere, gelbe Citroën 5 HP wurde später gründlich instand gesetzt und existiert noch heute; er ist ein Exponat im National Museum of Australia in der Hauptstadt Canberra.

»Die Endphase der Motorisierung
ist erreicht, wenn Parken
mehr kostet als Autofahren!«

Peter Sellers, Komödiant, 1978

Das Automobil eignet sich seit seiner Erfindung hervorragend zum Gegenstand der Satire. Schriftsteller und Komödianten, Schlagertexter und Kabarettisten machen sich seit jeher über den Motorkarren lustig, und nie ging ihnen der Stoff aus. Auch der israelische Autor Ephraim Kishon, Satiriker ersten Ranges, überlieferte uns einen Beitrag zu diesem unerschöpflichen Thema:
»Im Anfang war das Benzin und der Vergaser. Dann schuf Gott den Motor und die Karosserie, die Hupe und die Verkehrsampel. Dann betrachtete er sein Werk und befand, dass es nicht genug war. Darum schuf er noch das Halteverbot und den Verkehrspolizisten, und als dies alles geschaffen war, stieg Satan aus der Hölle empor und schuf die Parkplätze«.
In Auseinandersetzungen um eine Parkplatzlücke haben Automobilsten einander schon erschlagen und erstochen, in glimpflicheren Fällen die Nasenbeine zertrümmert oder Haarbüschel ausgerupft. In ganz schweren Fällen wurden gar Stoßstangen touchiert oder die Politurfläche auf einem Kotflügel angeschabt.
Selbstverständlich gehört es zu den vorrangigen Aufgaben der Polizei, Parkplatzkämpfe zu schlichten oder in ihnen zumindest als Schiedsrichter zu agieren. Wie an einem Sommertag des Jahres 2017, als es um einen Parkplatz in der Innenstadt von Coburg ging. Da die Kontrahenten die Situation auf verbalem Wege nicht zu lösen vermochten, begab sich einer von ihnen kurzerhand in einen Baufachhandel und kaufte sich dort mal eben einen meterlangen Axtstiel. Mit diesem gedachte er seinen Gegner, wenn nicht gar dessen Auto, nachhaltig zu beschädigen, um damit den von ihm vertretenen Rechtsstandpunkt zu verdeutlichen. In letzter Sekunde erschienen Ordnungshüter und unterbanden das geplante Zerstörungswerk.
Über einen zumindest für unbeteiligte Zuschauer amüsanten Vorfall vergleichbarer Natur informierte die in Syke bei Bremen erscheinende MK-Kreiszeitung ihre Leser am 29. Juli 2017: »Nach Angaben der Polizei kam es in den frühen Nachmit- tagsstunden auf dem Parkplatz eines Einkaufszentrums in Posthausen zwischen drei Frauen zu einem Streit um eine Parklücke. Dieser Streit eskalierte derart, dass eine 74-jährige Tarmstedterin ihrer 30-jährigen Kontrahentin aus Horstel den Unterarm zerkratzte. Zusammen mit ihrer 56-jährigen Begleitung wirkte die 30-Jährige nun verbal auf die ältere Dame ein, so dass diese einen Kreislaufzusammenbruch erlitt und ins Krankenhaus gebracht werden musste …«
Vergebens hatte das Publikum auf eine Beteiligung weiterer Damen an der Auseinandersetzung gehofft. Wie man im Rahmen einer Vergeltungsmaßnahme ein gegnerisches Automobil kaputt macht, wenn es um die Bewältigung anstehender Differenzen geht, demonstrieren sehr schön die Komiker Oliver Hardy und Stan Laurel (alias Dick und Doof) als zornige Stummfilm-Automobilisten in einem 1928 gedrehten Film mit dem Titel »Two Tars«.

Kein Traumberuf, aber Respekt war ihnen sicher: Meter Maids in London, 1962. Parkometer waren eine amerikanische Erfindung aus dem Jahre 1928.

Um 1961 war die Parkplatzsituation in manchen Großstädten zwar kritisch – aber nicht ganz aussichts-los ...

Noch 1963 war der Begriff »environment protection« im Englischen unbekannt. Im Londoner East End erst recht.

Berlin, 1935. Die Miete für einen Garagenstellplatz betrug 15 Mark im Monat.

Links: Paris, 1911. Auch Taxichauffeure haben das Recht auf einen Mittagsschlaf …

Amsterdam 1965. Welches der Autos gehört einem Tulpenzüchter, welches einem Käsefabrikanten?

Unten: Es wird allen, die nicht Augenzeugen dieses Manövers waren, kaum jemals erschließen, wie es sich abgespielt hat …

Das Ungerechte bei der Sache ist, dass Falschparken für den Besitzer eines bescheidenen Renault 4 CV ebensoviel kostet wie für den einer Luxuslimousine.

15

Die Jugend will dabei sein – egal, wohin die Reise geht

Home-Office Fahrschule, 1928: »Unser Wohnzimmer ist keine Einbahnstraße, Adelheid! Das Dienstmädchen kann uns jederzeit mit dem Staubsauger entgegenkommen ...«

Links: »Wer das Auto erfunden hat? Henry Ford natürlich, das weiß doch jedes Kind hier in Detroit!«

Unten: »Zu Fuß gehen war gestern. Wozu hat Adam Riese das Rad erfunden? Oder hieß der Mann Robinson Crusoe?«

Oben: »Mein Schwesterchen nehme ich gratis mit, aber Jungs müssen das Doppelte zahlen.«

»Ja, gern fahre ich Sie zu Ihrer Lieblings-Eisdiele, Miss. Geht aber nur huckepack.«

Links: Locomobile, 1918 – ein Foto mit Lucie und Eleanore fürs Familienalbum.

Unten: Monowheel oder wie die Franzosen sagen: Monotrace – irgendwie aus der Mode gekommen (man konnte ja keine Sozia mitnehmen).

Oben: Als Sohn eines Autoherstellers genießt man halt ein paar Privilegien!

»Benzin ist leider ausverkauft, Ich tu' Ihnen Wasser in den Tank, ist heute im Angebot!«

Links: »Gut, du bis der Chef, Billy, aber ich bestimme, wo es hingeht. Fahr' uns zum Standesamt!«

»Es sieht so aus, als würde der emotionale Kick zum Autobesitz immer stärker abhanden gehen ...«

Prof. Ferdinand Dudenhöffer vom Center of Automotive Research, Juli 2017

Noch vor fünfzig Jahren, so wissen die Älteren unter uns, hat das Erstvokabular eines kleinen Kindes aus drei Wörtern bestanden: Mama, Papa, Auto. Ist das noch immer so? Oder haben Kinder inzwischen keine große Lust mehr aufs Auto? Wie einer dpa-Meldung im Juli 2017 zu entnehmen war, steige in Deutschland zwar die Zahl der Autos an, nicht aber die der jungen Autokäufer. Eine Analyse des Center of Automotive Research (CAR) der Universität Duisburg hatte Autokäufer und Autobesitzer unter die Lupe genommen und kam zum dem Schluss, dass es der Autobranche insgesamt an Nachwuchskunden mangele. Oder anders formuliert: Autokäufer werden immer älter.

Trotz – oder vielleicht auch gerade wegen – des schleichenden Geldwertverlusts begann auch 2021 zwar jede(r) Vierzehnjährige(r) für den Führerschein zu sparen. Doch »Auto« bedeutet nicht mehr alles, das kriegen auch schon die Kids mit. Indiz: Spielzeugautos rangieren längst nicht mehr ganz oben auf den Weihnachtswunschzetteln.

Konkret ergab die Analyse der Duisburger von 2017, dass Gebrauchtwagenkäufer in den ersten vier Monaten 2017 durchschnittlich 44,8 Jahre alt waren. Im Vergleich dazu hatte das Durchschnittsalter 1995 noch bei 37,5 Jahren gelegen. Im Falle von Neuwagen beobachtete das Institut mit durchschnittlich 52,8 Jahren einen ähnlich deutlichen Trend – das war im Vergleich zu 1995 ein Plus von 14,5 Prozent. Und auch das durchschnittliche Lebensalter von Fahrzeughaltern in Deutschland steige tendenziell immer weiter an. 2017 lag es bei 52,6 Jahren, weshalb die Forscher von einem »Methusalem-Effekt« sprachen. Soweit die Analyse. Kein schöner Ausblick für die Autoindustrie, deren Streben nach immer höheren Produktionszahlen zugleich den Gebrauchtwagenmarkt bersten lässt und sich damit selbst im Wege steht. Und noch immer richtet sich so gut wie jeder Auto-Werbespot an eine dynamische Endzwanzigerschaft mit Dreitagebart und jugendlicher Draufgänger-Akrobatik. Sie lässt ihre Limousine im Powerslide durchs Studio schleudern und wedelt über arktische Eispisten, als gäbe es den Permafrost forever and ever and ever.

Dabei stellen die Mitglieder des größten Automobilclubs in Europa zugleich das größte Kundenpotenzial von Treppenlifts und Rollatrormobilen dar. Methusalem-Effekt?

Trotz einer guten wirtschaftlichen Lage und seit 1995 beträchtlich gestiegener Löhne entscheiden sich also immer weniger junge Menschen für einen Autokauf. Sorry, Kids, aber ihr gefährdet Papas Arbeitsplatz, wenn ihr euch nicht bald ein cooles Auto zulegt. Es muss ja kein unerschwinglich teures E-Mobil sein; ein chip-optimierter Diesel tut's ja auch. »Jüngere Leute verlieren zunehmend die Lust am eigenen Auto«, sagte der Mobilitätsexperte und Professor Ferdinand Dudenhöffer vom CAR-Institut. Der Professor führte dies vor allem auf mangelnde Anreize aus der Autoindustrie zurück. Richtige Innovationen sehe man heute eher selten und auch die Vertriebskanäle seien seit jeher die gleichen. Dem muss man nicht zustimmen, gleichwohl »sieht es so aus, als würde der emotionale Kick zum Autobesitz immer stärker abhanden gehen,« meinte er.

In der Tageszeitung *DIE WELT* vom 23. Juli 2013 war zu lesen, dass die Kosten für Anschaffung und Unterhaltung eines Autos laut dem Statistischen Bundesamt zwischen 2002 und 2012 um annähernd 30 Prozent gestiegen seien. Im selben Zeitraum nahmen die allgemeinen Verbraucherpreise in Deutschland durchschnittlich aber nur um rund 18 Prozent zu. »Eine andere Rechnung macht der Verkehrsclub Deutschland (VCD) in Berlin auf: Ihm zufolge geben Halter in den ersten vier Jahren nach dem Kauf ihres Autos für dessen Unterhalt so viel aus, wie das Auto gekostet hat …« Und für das Autojahr 2019 meldete der VDA einen stückzahlmäßigen Absatzrückgang in der Bundesrepublik gegenüber dem Vorjahr um neun Prozent. Weniger Fahrzeugverkäufe, die gleichwohl ein erhebliches Plus an Umsatz generierten.

Wie schade: Nicht nur den pisaklugen Rechnern unter unseren Kindeskindern könnte der Spaß am Auto abhanden kommen, und käme es dereinst auch noch so unfeinstaubig oder mit nach Himbeer-Eis duftendem Auspuff daher … aber halt – einen Auspuff wird es ja gar nicht mehr haben.

»Ist das nicht wunderbar? Erst gewinne ich im Bingo einen Cadillac nit Speichenrädern, und dann die Zuneigung meiner Lieblingscousine mit einer Zahnspange von Karl Lagerfeld!«

16

Große Jungen, kleines Spielzeug

kleine Jungen
großes Spielzeug

Oben: Jacques-Henri Lartigues Bilder zeichnen sich durch Lebendigkeit aus. Lartigue zählt zu den Ersten, die 1911 dynamische Momentaufnahmen zustande brachten.

Rechts: Im Bestreben um Null-Emmissionen bei geringstmöglicher Beanspruchung von Verkehrsraum fanden diese Herren interessante Lösungsansätze relevanter Probleme.

Freddy Dixon, berühmtester Harley-Davidson-Champion der Welt.

Unten: James Scripps-Booth baute 1908 einen Einspurwagen mit einem 6308-ccm-V8-Motor. 1911 stellte er ihn in Paris aus, als er das Fahrzeug für seine Hochzeitsreise durch Frankreich nutzte.

Ganz unten: Mr. Grisbys geglückter Versuch, mehrere Sportarten miteinander zu kombinieren.

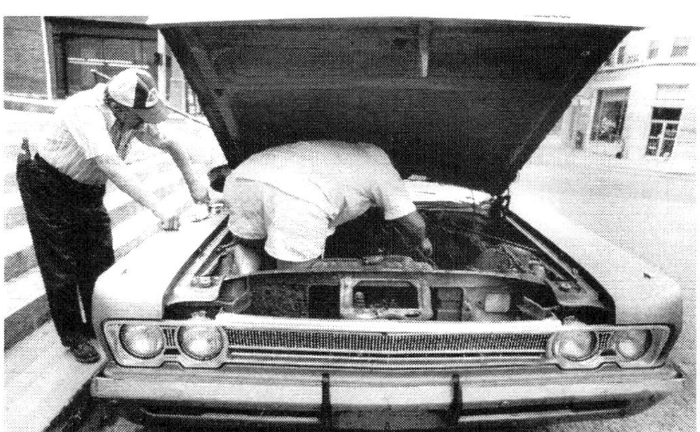

Links: »Schau noch mal ganz genau nach, Jerry – irgendwo muss sich der Marder doch versteckt haben!«

Nash Ajax Special Six, Modell 1925 – der erste Nash, der mehr als 1000 Dollar kostete. »Yes Sir, a lot of money. Aber bedenken Sie, dass der Wagen nicht nur 40 PS, sondern auch Vierradbremsen hat …«

»Alte Knaben haben genauso ihr Lieblingsspielzeug wie die jungen – der Unterschied liegt in ihrem Preis.«

Benjamin Franklin, amerikanischer Erfinder und Staatsmann, 1782

Was ein kinderlieber Vater im 18. Jahrhundert für das Anfertigen eines Schaukelpferdes zu bezahlen hatte, wissen wir nicht, und Mr. Benjamin Franklin (1706–1790) hatte seinerzeit auch wenig Veranlassung, sich mit derlei Trivia zu beschäftigen: Sein Sohn Folger war bereits im Alter von vier Jahren verstorben. Wenn es damals aber kostspieliges »Spielzeug für erwachsene Knaben« gab, so mag der elektrische Karren des holländischen Tüftlers Sibrandus Stratingh dazu zählen, ein filigranes Kunstwerk im Sti seiner Zeit.

Der niederländische Wissenschaftler (1785–1841) machte sich zunächst auf dem Gebiet der Chemie einen Namen. Im Alter von nur 13 Jahren begann er ein Studium an der Universität. von Groningen, und 1801 gründete er mit seinem Freund Theodorus van Swinderen die Gesellschaft zur Förderung der Physikalischen Wissenschaften. 1824 wurde er Professor für allgemeine, angewandte und pharmazeutische Chemie.

Stratingh hat eine Reihe von Erfindungen gemacht, besonders hinsichtlich der Fortbewegung. Als Spielzeug waren sie natürlich nicht gedacht, wenngleich sie sich dazu auch vortrefflich eigneten. Stratingh hat auch als erster ein Fahrzeug mit einer Dampfmaschine in den Niederlanden betrieben, das war am 22. März 1834, als er und sein Assistent, der deutsche Instrumentenbauer Christopher Becker, damit eine erste Fahrt auf der Hauptstraße von Groningen unternahmen.

Wenig später baute Stratingh ein elektrisches Fahrzeug, das sogar erhalten geblieben ist. Bei dem kleinen, wie ein Kinderdreirad mit Holzchassis anmutenden Gefährt dürfte es sich um das erste elektrisch angetriebene Fahrzeug der Welt handeln, wenngleich es auch keinen Sitz für einen Fahrer aufwies und nur im Kreis herum fuhr. Auch der schottische Erfinder Robert Anderson soll in den 1830er-Jahren in Aberdeen einen mit einem Elektromotor versehenen Holzkarren auf die Räder gestellt haben, über den jedoch keine präzisen Angaben überliefert sind. Möglich, dass Andersons Erfindung auch nur auf dem Papier existierte.

Toys for boys: Teure Spielsachen, mechanische und kinetische vor allem, hat das industrielle Zeitalter zur Genüge hervorgebracht, und mit Erscheinen des Automobils wurde Knaben gehobener Altersstufen (bald auch den Mädchen) das schönste Spielzeug aller Zeiten beschert.

Die Erkenntnis, dass mit mechanischem Mobilspielzeug auch allerhand Unheil angerichtet weroen kann, tat der zunehmenden Autoeuphorie keinen Abbruch. Die Gefahr einer Dampfkesselexplosion in einer Fabrik ode Schiffsweft lag näher, aber »auch ein Regenschirm kann als ein tödliches Instrument missbraucht werden«, ließ sich der Scotland-Yard Chief Inspector Henry Moore 1895 vernehmen, als in London noch immer kein einziger Unfall mit einem Motorfahrzeug registriert worden war. Die 144 im Londoner Straßenverkehr 1895 ums Leben gekommenen Personen

Edison zeigt Henry Ford einen seiner vier Electric Runabouts, die 1903 entstanden und als Versuchsfahrzeuge für die von ihm erfundenen Nickel-Eisen-Akkumulatoren dienten.

1837 baute der Niederländer Stratingh ein elektrisch angetriebenes Fahrzeug, das sogar erhalten geblieben ist. Bei dem kleinen Gefährt dürfte es sich um das erste elektrische Straßenfahrzeug der Welt handeln.

waren von Pferdewagen überrollt worden. Der erste in Britanniens Hauptstadt protokollierte Automobilunfall mit Todesfolge ereignete sich erst am 17. August 1896; das Opfer war eine Fußgängerin namens Mrs. Bridget Driscoll. Sie war in Begleitung ihrer Tochter und einer Freundin auf dem Weg zum Crystal Palace gewesen und von einem Fahrzeug erfasst worden, dessen Lenker »rücksichtslos und so schnell wie eine Feuerspritze herangeschossen« sei. Der das energisch bestritt: Arthur James Edsall und seine Beifahrerin Alice Standing beteuerten, nicht schneller als mit 4,5 Meilen pro Stunde unterwegs gewesen zu sein. Das sei erheblich langsamer als das offizielle Speed Limit erlaube; das betrug in der Londoner Innenstadt 6 Meilen pro Stunde.

Wie auch immer: »Ein solches Unglück darf sich niemals wiederholen!« sagte ein Vertreter der Krone, als der Vorfall vor Gericht verhandelt wurde.

Eine Mahnung, die sich irgendwo im Londoner Smog zu Feinstaub pulverisierte.

»... ich beabsichtige, einen Wagen zu bauen, der größer sein wird als ein Rolls-Royce, Herr Doktor!«

Ettore Bugatti, italienisch-elsässischer Freigeist, 1913

Um 1913 gehörte eine 150 km/h schnelle Limousine mit Achtzylindermotor für die meisten Konstrukteure noch ins Reich der Utopie. Nicht für einen ideenreichen Visionär wie Ettore Bugatti. Auf die Frage eines Arztes, der zu seinen Kunden zählte und sich von ihm einen großen, recht schnellen Reisewagen wünschte, antwortete der im damals zum Deutschen Reich gehörenden Elsass lebende Italiener:
»Ja, solch einen Wagen beabsichtige ich zu bauen. Er wird größer sein als ein Rolls-Royce, Herr Doktor, aber leichter, und mit seiner geschlossenen Karosserie wird man 150 km/h schnell fahren können, und er wird, wie ich hoffe, sehr leise sein. Wenn ich das erste Exemplar fertiggestellt habe, werde ich mit ihm eine ausgedehnte Versuchsfahrt unternehmen und nicht versäumen, Sie mit dem Fahrzeug zu besuchen, lieber Doktor, damit Sie Ihr wertes Urteil abgeben können.«

50 Liter Benzin auf 100 Kilometer: Die Royale war trinkfreudiger als jede andere europäische Königin.

Der große Reisewagen, wie er Ettore Bugatti vorschwebte, wurde nicht vor 1928 realisiert. In seiner Ausführung als Prototyp wies der als Typ 41 oder auch »La Royale« bekannt gewordene Gigant einen Reihenachtzylinder mit 12,8 Liter Hubraum auf. Der Versuchswagen war allerdings keine Limousine, sondern ein offener Tourer, dessen Karosserie sich vorher auf einem Packard-Chassis befunden hatte. Ausgerechnet zur Zeit der Weltwirtschaftskrise kam Bugatti mit diesem extrem teuren Auto auf den Markt, als nicht einmal mehr der vermögende Hochadel genügend Geld für die Anschaffung von Luxusautomobilen aufbrachte und Europas letzte Monarchen es vorzogen, sich ihren Untertanen in weniger spektakulären Gefährten zu zeigen.
Der Bugatti-Historiker Uwe Hucke beschrieb den Besuch des damaligen Rennfahrers und Bugatti-Vertreters Emil Bremme im Molsheimer Werk, dem Ettore Bugatti sein Superfahrzeug vorführte. »Nachdem man andächtig schweigend den Komfort der Royale auf einer kleinen Fahrt durch das schöne Elsass genossen hatte, wollte Ettore Bugatti seinen Gast auch von der Stärke des Chassis überzeugen. Er bremste den Wagen überraschend ab, setzte zurück und fuhr mit diesem Luxusgefährt über fünf den Weg versperrende, frisch gerodete Baumstümpfe in den Wald, wo die Royale ihre Qualitäten auch als Geländewagen bewies«.
Die Royale wurde von 1928 bis 1933 in nur sieben unterschiedlich karossierten Exemplaren gebaut. Ihr Radstand maß 4,3 Meter. Der Dreiventilmotor leistete 300 PS und kam mit nur einem Vergaser aus. Der Spritverbrauch betrug zwar an die 50 Liter auf 100 Kilometer, aber dafür war das 3,2 Tonnen schwere Auto 200 km/h schnell. Entweder vier oder acht Zylinder: Von Sechszylindermotoren hielt der Patron

Ettore Bugattis Sohn Jean posiert neben jenem Exemplar der Baureihe 41, das ohne Scheinwerfer geliefert wurde – weil der Kunde nur bei Tage zu fahren beabsichtigte.

von Molsheim nichts. Den Konstrukteuren des Rolls-Royce riet er, vom Sechszylinder unbedingt abzugehen, ein solches Triebwerk könne niemals harmonisch arbeiten. Bei Rolls-Royce mag man über das Ansinnen höflich gelächelt haben. Bugatti vertrat eben seine eigenen Ansichten über das, was richtig zu sein hatte und was nicht – und die ästhetische Komponente war ihm nicht weniger wichtig. Unter der Motorhaube gewahrt der Betrachter eines Bugatti eine künstlerische Skulptur von einem Triebwerk, nicht etwa bloße Technik.

Manche Besucher Molsheims mokierten sich über den Tropenhelm, den Monsieur Bugatti in Kolonialisten-Attitüde als Ergänzung seines Reiter-Kostüms zu tragen pflegte. Und sie rätselten über seine Maßschuhe, die an den Kappen den Zehen entsprechend abgesteppte Nähte aufwiesen. Ihr Geheimnis: Sie wiesen tatsächlich fünf einzelne Zellen auf, und um solche Schuhe tragen zu können, ließ Bugatti sich auch Socken mit einzeln ausgeführten Schlüpfen für die Zehen anfertigen.

Zu jeder beliebigen Stunde wünschte er dinieren zu können, vorzugsweise italienische Gerichte »mit den besten Zutaten, die in Europa zu bekommen sind«. Seine Autos baute er ausschließlich nach eigenem Gutdünken. »Wenn es Leute gibt, die sie mir abkaufen wollen – nun, darüber lasse ich mit mir reden.« Er pflegte nur Kunden zu empfangen, von denen er überzeugt war, sie würden ihm sympathisch sein.

Der legendär gewordene Exzentriker, Jahrgang 1881, verstarb 1947. Überzeugte Bugattisten haben ihre eigene Zeitrechnung nach Bugatti ausgerichtet: 1881 ist für sie das Jahr Null EB, alle nachfolgenden Jahre entsprechen dieser Numerik. So weit kann leidenschaftliche Verehrung gehen.

Rechts: Operntenor Richard Tauber und sein 1925er Mercedes-Kompressorwagen. 1949 stand das Auto bei einem Gebrauchtwagenhändler in Berlin-Friedenau zum Verkauf – für 10.000 D-Mark.

Unten: Prominenz am Flughafen Berlin-Tempelhof, 1930. Das Steyr Cabriolet mit Buhne-Karosserie war eine Kreation des Designers Erwin Conrad, rechts mit hellem Hut.

Oben: William Anderson, Chef der Ruxton Motor Company, präsentiert sich und sein neuestes Sechszylindermodell, 1929.

Über eine Heizung verfügte der Chrysler 80, Modell 1928, nicht – ein wärmender Pelzmantel war die elegantere Alternative.

»Kein vernünftiger Mensch bewegt sich mit 300 Stundenkilometern im Straßenverkehr!«

Ein britischer Sportwagenhersteller im Kundendialog, 1999

Es war einmal – nicht nur Märchen beginnen so, sondern auch wahre Geschichten. Eine solche handelt von einem Liebhaber hochkarätiger Sportwagen, der es sich auch leisten konnte, sich einen solchen anzuschaffen. Der aber auch mit ihnen umzugehen verstand, ganz im Gegensatz zu manchem Zeitgenossen, der seinen 500.000-Euro-Boliden nur gelegentlich auf der Reeperbahn, auf der Düsseldorfer Kö oder auf den Flaniermeilen von Miami Beach einher rollen lässt, um darin gesehen, bewundert und gebührend beneidet zu werden.

Jener Enthusiast, dessen Name ungenannt bleiben möge, weil er als im doppelten Wortsinne erfahrener Jurist dafür gute Gründe hat, besaß seit jeher eine starke Affinität zu einem britischen Sportwagenfabrikat, das wir auf den Landstraßen des Kontinents höchst selten in seiner ganzen Formalästhetik zu sehen bekommen. Schon, weil ein Auto dieser Marke – huuuushhh – so schnell wieder auf und davon ist, wie wir es im Rückspiegel kommen sahen und ihm respektvoll die Überholspur frei machten.

Ein solches High-Tech-Coupé, so behauptete sein Hersteller im heute schon weit zurückliegenden Autojahr 1999, erreiche die Höchstgeschwindigkeit von 190 Meilen pro Stunde, entsprechend 306 km/h.

Allein das zu wissen oder zu glauben genügte so manchem Käufer, wenn er zu denen gehörte, die schon als Schuljunge nur auf die Tachoskala eines Autos zu schauen brauchten, um dann zu verkünden: »Mannoh, der macht 200 Sachen!«

Vielleicht gab es damals nur wenige Besitzer eines Supercar, denen es ein Anliegen war, die vom Werk angegebene Höchstgeschwindigkeit in Echtzeit zu erleben. Zu ihnen zählte jener Jurist auf dem Kontinent, dem es auf einer wenig befahrenen Autobahnstrecke gelang, sein Luxusgefährt auf nervenkitzelnde 300 km/h zu beschleunigen – doch musste er die Reise wegen unvorhergesehener Umstände unverzüglich abbrechen. Nicht etwa, weil ein langsameres Vehikel auf der linken Fahrspur ihn dazu gezwungen oder er, ein routinierter Schnellfahrer, die Kontrolle über seinen britischen Tiefflieger verloren hätte. Vielmehr waren Teile von den Laufflächen zweier Reifen in die Radhäuser geflogen. Akustisch vernehmbare Vorboten fataler blow-outs. Bei einer später vergenommenen Untersuchung zeigten sich Risse in den Felgen.

> »Nicht so schnell, Annabell!«
>
> *Song von Hansi Hinterseer*

In einer sich in die Länge ziehenden Korrespondenz mit dem Herstellerwerk machten die Briten geltend, dass sie sich nicht veranlasst sähen, den Wagen mit Felgen und Pneus zu liefern, die für Tempi über 280 km/h hinaus taugten. Damit wollte sich der Jurist jedoch nicht zufrieden geben: »Ich habe den Wagen unter der Zusicherung gekauft, dass er über 300 km/h schnell ist« – andernfalls fühle er sich nicht an den Kaufvertrag gebunden und verlange eine Erstat-

tung des Kaufpreises. Der hatte immerhin rund 430.000 Schweizer Franken betragen.
Die Gentlemen auf der Insel zeigten Großmut und willigten ein. Beschieden den enttäuschten Kunden jedoch mit dem Epilog: »Wir stehen zur Werksangabe, dass der Wagen 190 Meilen in der Stunde zu erreichen vermag, gehen jedoch davon aus, dass sich kein vernünftiger Mensch mit einer solchen Geschwindigkeit im Straßenverkehr bewegt...« Deshalb die auf 280 km/h limitierten Felgen und Reifen, die sich bislang als vollkommen ausreichend erwiesen hätten. Manchmal kann englischer Humor auch ernst gemeint sein.
Das ist nun eine ganze Weile her, und das nach wie vor existierende Unternehmen, dessen Produkte wir nicht nur hierzulande so selten zu sehen bekommen,verkauft seine jetzt sogar 205 Meilen pro Stunde schnellen Straßenwagen jüngster Fertigung inzwischen mit adäquater Bereifung. Angemerkt sei, dass in der Formel Eins in der Saison 1999 auch nicht schneller als mit 350 km/h gefahren wurde. David Coulthard war mit seinem McLaren-Mercedes in Monza einmal auf 361,8 km/h gekommen – übrigens mit Reifen des gleichen Herstellers, mit denen auch heute einige der schnellsten Straßensportwagen unterwegs sind, wenn diese nicht grad vor dem Casino von Monte-Carlo oder vis-à-vis vom »Vier Jahreszeiten« zu Hamburg parken.
Welch dringendem Bedürfnis folgt der Nicht-Rennfahrer, auf öffentlicher Straße derart hohe Tempi vorzulegen? »Weil es mir Spaß macht,« soll die Antwort eines Limpurgani-Eigners gelautet haben, nachdem die Polizei ihn in einem 130-km/h-Limit-Bereich mit annähernd 250 erwischt hatte.

Eine alte Regel: Räder und Bereifung sollten der maximal möglichen Geschwindigkeit des Fahrzeugs entsprechen, für das sie vorgesehen sind ...

17

Zukunft fand schon gestern statt

... ihr Verfallsdatum könnte abgelaufen sein ...

Chevrolet Biscayne Show Car, 1953. In dichter Folge entstanden bei General Motors in den Fünfziger und Sechziger Jahren solche futuristischen Designstudien.

Traum oder Alptraum? Plymouth XNR Concept Car von 1960, Design Virgil Exner.

Unten: Futureliner-Parade. Wie sich GM-Stylisten 1951 den Überland-Omnibus der Zukunft vorstellten …

»Der Explosionsmotor wird von der Elektrizität bald gänzlich aus dem Felde geschlagen werden.«

Richard de Valbreuze, Journalist, 1908

Eine Statistik aus dem Jahr 1900 besagt, dass damals knapp 40 Prozent aller Automobile in Europa mit Dampfkraft unterwegs waren (die meisten in Frankreich), 38 Prozent mit Elektroantrieb und nur gerade einmal 22 Prozent mit einem durch flüssigen, also vergasenden Kraftstoff betriebenen Motor nach dem Otto-Prinzip.

38 Prozent Elektrofahrzeuge: Einen solchen Anteil wieder zu erlangen, davon war die neue Mobilitätskonzepte suchende, auf Umweltschutz bedachte Welt im ersten Quartal des 21. Jahrhunderts noch weit entfernt. Doch alle arbeiteten daran, die Chinesen zum Beispiel, die Amerikaner, die Europäer … und etliche Hersteller wiederholten und wiederholten ihr Bekenntnis zu alternativen Mobilitätssystemen. Auf dem Weg dorthin mogelten sie ein bisschen bei der Kommunikation der Emmissionswerte ihrer Diesel.

Weise Worte zur Mobilität im Allgemeinen sowie zu ihrer voraussichtlichen Entwicklung finden sich schon auf der Rückseite eines Liebig-Fleischextrakt-Sammelbildchens aus dem Jahre 1908, das einen doppelstöckigen Omnibus zeigt:

»Für den Straßenverkehr in den Großstädten aller Kulturländer bricht sich das Automobil immer mehr Bahn, da es wegen seiner größeren Schnelligkeit und Leistungsfähigkeit den modernen Anforderungen eher gewachsen ist als die herkömmlichen Transportmittel. Was die Triebkraft anbelangt, so kommen dafür besonders zwei Systeme in Betracht: die Explosionsmotoren und die Elektromotoren. Zumal für größere Reisen und weite Entfernungen behaupten die erstgenannten ihrer leicht auszuführenden Speisung wegen noch das Feld, doch dürften sie, sobald es einmal gelingt, leichtere Akkumulatoren als die bisher gebräuchlichen, aus Blei bestehenden anzufertigen, wohl bald gänzlich von der Elektrizität aus dem Felde geschlagen werden.«

Nun, »gänzlich aus dem Felde geschlagen« sind die Explosionsmotoren bis heute nicht. Ob nur »ihrer

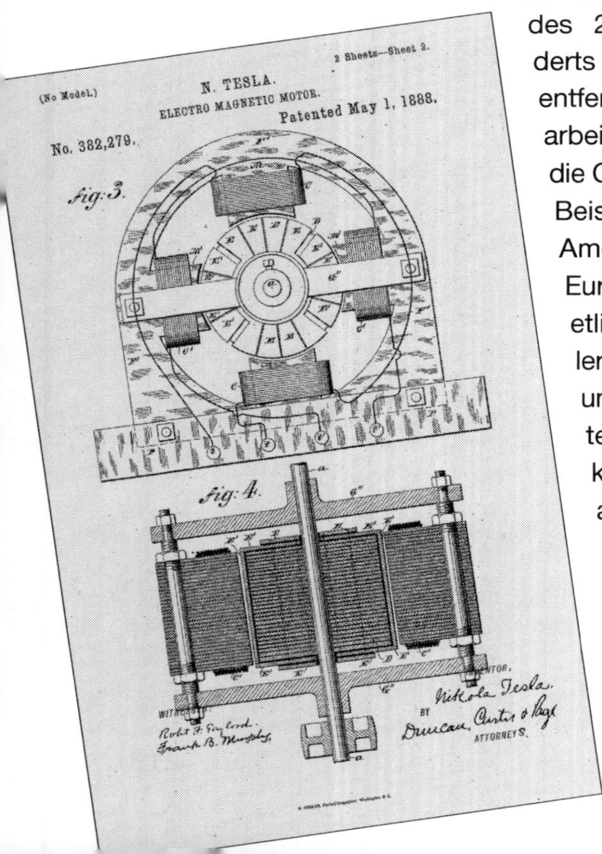

Der Serbe Nikola Tesla (1853–1943) ist der – ungefragt gebliebene – Namenspatron der Firma Tesla Motors. Teslas Lebenswerk ist geprägt durch zahlreiche Neuerungen auf dem Gebiet der elektrischen Energieübertragung.

Automobile.

Automobilomnibus. — Für den Strassenverkehr in den Grossstädten der Kulturländer bricht sich das Automobil immer mehr Bahn, da es wegen seiner grösseren Schnelligkeit und Leistungsfähigkeit den modernen Anforderungen eher gewachsen ist, als die herkömmlichen Transportmittel. Was die Triebkraft anbelangt, so kommen dafür besonders zwei Systeme in Betracht: die sog. Explosionsmotoren und die Elektromotoren. Zumal für grössere Reisen und weitere Entfernungen behaupten die erstgenannten ihrer leicht auszuführenden Speisung wegen noch das Feld, doch dürften sie, sobald es einmal gelingt, leichtere Akkumulatoren, als die bisher gebräuchlichen, aus Blei bestehenden, anzufertigen, wohl bald gänzlich von der Elektrizität aus dem Felde geschlagen werden.

Schon vor dem Ersten Weltkrieg bezog die Firma Liebig auf ihren Sammelbildchen Stellung zur Elektromobilität.

leicht auszuführenden Speisung wegen« oder auch aus anderen Gründen – das möge dahingestellt bleiben. Doch Richard de Valbreuze hatte genügend Veranlassung, dem E-Antrieb eine blühende Zukunft vorherzusagen.

Zwischen 1905 und 1914 erschienen in den damals kursierenden Automobil-Fachzeitschriften immer wieder Berichte über Elektrowagen. Seitenlang wurde über sie gefachsimpelt, neue Fabrikate wurden vorgestellt. Häufig begannen die Beiträge mit Erläuterungen zu den Grundsätzlichkeiten, mit denen sich Elektro- von Benzinautos unterschieden, wie in der Mai-Nummer 1906 des in Paris erscheinenden Blattes Lebensorganismus eines elektrischen Fahrzeugs umfasst drei wesentliche Teile. Das sind die Quelle der elektrischen Energie, alsdann ein Motor oder ein System, durch welches die Räder angetrieben werden, sowie ein Apparat zur Regelung der Fahrzeuggeschwindigkeit, der sich zwischen Energiequelle und Motor befindet.«

Diesen jedem passionierten Automobilisten Freude spendenden Apparat nennen wir beim Verbrenner gemeinhin Gaspedal, aber im E-Auto ist »Gas geben« ein unzutreffender Begriff. Die Franzosen sind da fein 'raus; sie sprechen seit jeher von einem accélérateur, also einem Beschleuniger, in jedwedem Fahrzeug.

Der Autor Richard de Valbreuze vermerkte, dass dem Elektromobil allein nicht die Aufmerksamkeit der Automobilwelt gebühre, sondern gleichermaßen dem »voiture mixte« (das wir heute als Hybrid bezeichnen): »Die Weiterentwicklung dieses Systems zu verfolgen und mit Applaus zu beehren, wird uns ein großes Vergnügen sein!«

»Besonders als eleganter Stadtwagen eignet sich das Elektromobil ganz vorzüglich.«

Anonymer Verfasser eines Ratgeberbuches, 1908

Die Vorzüge des Elektromobils seien so augenscheinlich, dass nur wenig darüber zu sagen bliebe, schrieb ein anonymer Sachkundiger 1908 in einem Aufsatz: »Da sind Geräusch-und Geruchlosigkiet, leichte Handhabung. kein Ankurbeln, einfahe Konstruktion.«

Aber es gebe auch Nachteile. Nämlch ein geringer Aktionsradius, da der Strom der mitgeführten Batterie höchstens für 100 Kilometer ausreiche. »Das Neuladen dauert lange ... die Batterien sind empfindlich und gehen infolge der Erschütterungen leicht zugrunde... Der elektrische Wagen zeigt seine Stärken speziell im Stadtverkehr. Als eleganter Stadtwagen. Coupé, Landaulet eignet sich das Elektromobil ganz vorzüglich und nimmt an Verbreitung zu.« Und er mache sich gut bezahlt, rechnete Redakteur Revigneaux den Lesern des La Vie Automobile vor: »Unsere deutschen Nachbarn betreiben in Köln zwanzig Elektro-Droschken... Diese verursachen pro Kilometer Kosten von 25,2 Centimes, einschließlich Vergütung des Chauffeurs, während die Einkünfte pro Kilometer 32,7 Centimes betragen. Bei durchschnittlich 75 Kilometer pro Tag ergibt sich eine Rendite von 5,63 Francs für die Gesellschaft.« Das entsprach 113 Goldmark.

Es sollten fast neunzig Jahre vergehen, bis sich zu Kosten-Nutzen-Berechnungen berufen und legitimiert wähnende Ökonomen elekrische Glücksgefühle kommunizierten.

Telegrammboten der Postbehörde von Boston, 1917. Der Aktionsradius ihrer elektrischen »Autopeds« betrug zwölf Meilen. Nach drei Monaten wurde der Versuch abgebrochen – nicht zuletzt wegen der Weigerung der Herren, unter dem Gespött anderer Verkehrsteilnehmer den Scooter mit leerem Akku heimwärts schieben zu müssen.

Elektro-Versuchswagen aus Frankreich, 1968.

So schick kann E-Mobiliät sein: Tazzari Zero 2015. Die erste Version wurde 2008 vorgestellt. Das in Imola, Italien, in kleiner Serie gebaute Fahrzeug mit einem Rahmen aus Aluminiumguss hatte einen Motor mit 15 kW (20 PS) und einem maximalen Drehmoment von 150 Nm. Der im nur 542 kg schweren Wagen verwendete Lithium-Ionen-Akku wies eine Kapazität von 12,3 kWh auf und bot damit bis zu 140 km Reichweite.

2015 bewegten sich auf den Straßen in Deutschland annähernd 99 Prozent aller Personenwagen mit Benzin- oder Dieselmotor. Doch die Zahl der zugelassenen Autos mit zumindest teilweise elektrischem (Hybrid-)Antrieb zeigte immerhin steigende Tendenz. Nur verlief deren Kurve in der Zulassungsstatistik flacher als gedacht.

Gedacht – von wem? Von der Bundeskanzlerin zum Beispiel. Sie schien davon überzeugt, dass sich das Elektroauto durch »die herausragenden Fähigkeiten der deutschen Automobilhersteller« in die Beschleunigungsspur einfädeln lassen würde. Es gäbe zwei große Herausforderungen: Zum einen die Batterieherstellung und zum anderen die Schaffung einer Infrastruktur zum Laden der Batterien. Richtig! Frau Merkel: »Es gibt hierzu bereits eine Reihe von Modellversuchen, und die müssen zügig weiterentwickelt werden«. Am 16. Mai 2011 übergab die Nationale Plattform Elektromobilität der Bundeskanzlerin ihren zweiten Bericht. Die Mutter der Nation traf sich mit Vertretern aus Wissenschaft, Industrie und Politik, um über weitere Schritte zu diskutieren. Ziel der Bundesregierung sei es, »dass bis 2020 eine Million Elektrofahrzeuge auf unseren Straßen im Einsatz sind«, so Frau Merkel. Bis 2030 könnten es »sogar sechs Millionen Fahrzeuge« sein. Es muss ein cleverer Lobbyist gewesen sein, der ihr so etwas zugeraunt hatte.

Sechs Millionen Elektroautos bis 2030? Noch immer betrug Ende 2020 der weltweite Gesambestand an Kraftefahreugen mehr als 99 Prozent aus solchn mit Verbrennungsmotor. Zwar wünschte sich Regine Günther, Verkehrssenatorin von Berlin, im März 2019 in einem Zeitungsinterview: »Autos mit Benzin- oder Dieselmotor werden in naher Zukunft hoffentlich in keiner Stadt mehr fahren, auch nicht in Berlin!« – doch schon zwölf Monate später plädierte der Bundesverkehrsminister Andreas Scheuer für eine staatliche Prämie, die es künftig auch für den Kauf eines Verbrennerautos geben sollte, um den krisengeschüttelten Herstellern die Existenz zu sichern. Noch hatten alle (hohen) Investitionen in die deutsche E-Mobilität keine Rendite gebracht, und angesichts weiterer Milliarden-Investitionen etwa in die Batterietechnologie unter Verzicht auf den Einsatz »Seltener Erden« haben nur die Propheten weiterhin Konjunktur, denen immer neue und schöne Hoffnungen auf eine bessere Welt zu verbreiten zur Routine geworden ist.

»Ich denke, 1990 wird das Lenkrad ebenso entbehrlich sein wie das Bremspedal ...«

James H. Cocker, amerikanischer Zukunftsforscher, 1963

Die Erfindung des Lenkrades zur Verwendung im Automobil erfolgte erst etliche Jahre nach der Erfindung des Motorwagens. Diesen pflegte man anfangs mit einem auf einer senkrechten Säule angebrachten Handhebel oder einer einwärts gebogenen Deichsel zu lenken.
Die erste Überlieferung, dass jemand auf der Lenksäule ein Rad befestigt hat, geht auf das Jahr 1894 zurück. Damals nahm ein Franzose namens Alfred Vacheron mit einem von ihm umgebauten Panhard-Levassor 4 hp an der Fernfahrt Paris-Rouen teil, ausgeschrieben für den 22. Juli über eine Strecke von 126 Kilometer. Es sollte eine Zuverlässigkeitsfahrt sein, doch die Teilnehmer an diesem denkwürdigen Wettbewerb – der erste seiner Art in der Automobilgeschichte – waren natürlich vom Ehrgeiz beseelt und versuchten, Rouen in möglichst kurzer Zeit zu erreichen. Ein De Dion-Bouton-Dampfwagen trug den Sieg davon, Vacheron belegte mit seinem Lenkrad-Auto den elften Platz. 20 Teilnehmer waren ins Ziel gelangt, nur einer hatte aufgeben müssen. Der Sieger Georges Bouton war mit seinem sechssitzigen Monstrum nur zwei Stunden und 36 Minuten unterwegs gewesen, Vacheron mit seinem kleinen Panhard-Levassor (angetrieben von einem Daimler-Benzinmotor) hatte 23 Minuten länger gebraucht.
Die Fahrt hatte Pierre Griffard organisiert, ein Pariser Zeitungsherausgeber, der vom Automobil anfangs überhaupt nichts gehalten und die Veranstaltung nur Emile Levassor zuliebe ins Leben gerufen hatte. Der Zweifler und der Euphoriker waren im Dezember 1893 überein gekommen, einen Versuch zu wagen... Emile Levassor war übrigens nur sieben Minuten und sein Partner Louis-François René Panhard zwölf Minuten nach dem Sieger Bouton in Rouen eingetroffen. Damals brachten die Fabrikanten ihre Autos noch selbst an den Start!
Doch nicht vor 1898 führte die Firma Panhard & Levassor das Lenkrad für ihre Modelle serienmäßig ein. Zur gleichen Zeit experimentierte der amerikanische Fahrzeugproduzent Rambler damit. 1901 folgten die Hersteller Packard und Peerless sowie Mercedes.
»Das Steuerrad entwickelt sich immer deutlicher zu einem Zentralgehirn, von dem aus alle Glieder des Automobils gebändigt werden. Auf dem Lenkrad wird man in naher Zukunft wie auf einem Instrument spielen können!«
Zu dieser Erkenntnis gelangte man aber erst 1921, wie ein Aufsatz in der Deutschen Export-Revue verdeutlicht. Nur geringfügig verschätzt hatte sich der amerikanische Futurologe James H. Cocker, der 1963 schrieb: »Ich denke, im Jahre 1990 wird das Lenkrad ebenso entbehrlich sein wie das Gas- und das Bremspedal!« – eine Prophezeiung, auf deren Erfüllung wir wohl noch etwas warten müssen. Dennoch: das lenkradlose Auto ist heute weniger eine Utopie als je zuvor.
Ebenso könnte Mr. Cockers virtuelles Auto, das auch von selbst bremst, ohne Betätigen eines Pedals, mit nur wenigen Jahrzehnten Verspätung plötzlich neben

»Hallo Pannendienst? Ja, das Reserverad habe ich gefunden, aber keinen Wagenheber ...« Telefon im Auto: 1957 geradezu sensationell!

HighTech-Ingenieure haben es längst gebaut, erprobt und opimiert, das durch künstliche Intelligenz selbstfahrende Auto – das sich auch selbst gebaut hat und, wenn es soweit ist, auch selbst verschrottet.

uns an der Ampel halten. Der Zulieferer Bosch beispielsweise versprach, in absehbarer Zeit ein System zum Einsatz zu bringen, das nicht nur die rote Ampel, sondern auch Fußgänger oder andere sperrige Objekte auf der Fahrbahn erkennt, im nahenden Auto eine selbsttätige Bremsung einleitet und darüber hinaus ein Ausweichmanöver vornimmt. Eine Art weiterentwickelter Abstands-Aufpasser, wie ihn einige topmoderne Autos bereits serienmäßig aufweisen und der sensorisch aktivierte Verzögerungen einleitet, falls der Fahrer zu spät reagiert haben sollte. Schließlich schaltet sich beim ersten Regentropfen ja auch der eine oder andere Scheibenwischer automatisch ein und veranlasst ein Schließen des Cabrioverdecks. Bosch hielt sein Versprehen.
Und japanischem Erfindungsgeist verdanken Nissan-Fahrer demnächst das »e-Pedal« – das erste Ein-Pedal-System, mit welchem der Fahrer sein elektrisches Auto vollständig zum Stehen bringen, die Position halten und wieder losfahren kann. Selbst an steilen Steigungen soll das funktionieren.
Denkbar, dass in der nächsten Entwicklungsstufe selbst das e-Fahrsystem keiner Fußbetätigung mehr bedarf, sondern per Sprachsteuerung reagiert, fürs Beschleunigen etwa auf Kommandos wie »jetzt zeigen wir der Schnarchnase da vorne mal, wem die linke Fahrspur gehört!« oder auf ein vom Rücksitz ausgestoßenes »Halt' bitte mal an und dreh' um, liebes Auto! Wir haben an der Raststätte Mama und Papa stehen lassen ...«
Also: Wenn möglich, bitte wenden! Auch das geht bald auf Zuruf. Denn Anfang September 2017 wurde in London von der Firma Jaguar das »intelligente Lenkrad der Zukunft« vorgestellt. Dieses per Spracheingabe gesteuerte Lenkrad arbeite mit künstlicher Intelligenz, wurde erklärt, und sei in der Lage, eine Fülle verschiedener Manöver auszuführen: »Das Lenkrad der Zukunft hat seine Basis in der Wohnung des Besitzers und kann neben den automobilen Lenkradfunktionen sogar Aufgaben im Haushalt erledigen. In Zukunft wird es das einzige Teil eines Autos sein, das sich noch im persönlichen Besitz des Nutzers befindet.« Also, Mr. Cocker: Mit ihrem Lenkrad können Jaguar-Eigner eines Tages von der Badewanne aus Kaffee kochen und den Rasen mähen. Doch womit fährt die Gattin derweil zur Aufsichtsratsitzung ...?

»Auf Knopfdruck konnte man vom zweiten Wagen aus die Hupe im ersten ertönen lassen.«

Der Reporter Herndon Green über ein ferngelenktes Auto in New York, 1925

Wie lange noch wird autonomes Fahren ein Zukunftsthema bleiben? Dabei hat es auch schon in ferner Vergangenheit Versuche in dieser Richtung gegeben – für ihre Zeit bahnbrechend und visionär.

Die Leser der Novemberausgabe 1925 des amerikanischen Elektronik-Magazins Radio News erfuhren nicht nur, dass ein wunderbares neues Radio der amerikanischen Bosch-Tochtergesellschaft mit der Bezeichnung Amborola auf den Markt gekommen war, sondern auch, was ein Reporter namens Herndon Green über ein »radio-controlled automobile« zu berichten hatte. Begleitet war der Artikel von zwei Fotos und einem Schaltplan, aus dem hervorging, wie die Fernsteuerung per Radiowellen bei dem American Wonder genannten Auto – es war ein Chandler Modell 6-65 – funktionierte. Die Technik kam von der Firma Houdina Radio Control. Der Radiotechniker Francis P. Houdina und der Autohersteller Chandler in Cleveland, Ohio, hatten das Experiment gemeinsam finanziert. Für Houdinas Geschäft, erst ein halbes Jahr zuvor eröffnet, eine brillante Reklame.

Der Versuch war kurz zuvor auf der New Yorker Fifth Avenue und dem Broadway durchgeführt worden; eine bessere Bühne als diese stark belebten Verkehrsadern in der City hätte es nicht geben können. Zwei Sender und zwei Empfänger auf verschiedenen Kurzwellen ließen das sorgfältig präparierte, über und über verkabelte Wunderauto starten, lenken und bremsen; die Distanz zum Operateur mit seinem Schaltkasten in einer hinterher fahrenden Limousine betrug rund zehn Meter.

»Auf Knopfdruck konnte man vom zweiten Wagen aus auch die Hupe im ersten ertönen lassen, das Licht ein- und ausschalten, die Kupplung betätigen und die Getriebegänge wechseln...« Elf verschiedene Operationen waren programmiert. Wie die Presse zu berichteten wusste, habe wenig später der berühmte Magier und Entfesselungskünstler Harry Houdini das Labor seines Fast-Namensvetters aufgesucht und ihn aufgefordert, seine Arbeit unter einem anderen Namen zu vermarkten, was dieser abgelehnt habe und woraufhin es zu einer Prügelei gekommen sein soll, bei der einiges Mobiliar zu Bruch ging...

Von ganz allein, also auf Umfeldeinflüsse selbsttätig reagierend und nicht auf menschliche Fernlenkung agierend, fuhr das American Wonder also nicht. Ähnliche Fahrzeuge gab es gelegentlich auch in den 1930er-Jahren, und nach dem Krieg waren es wieder die Amerikaner, die sich mit einem elektrischen »Auto-Guide-System« dem autonomen Fahren schon dicht näherten: Spulen an den Vorderrädern des Versuchswagens nahmen Signale von Kabeln im Straßenbelag auf und hielten den Wagen in der Spur. »So wird man in Zukunft überall fahren«, hieß es im General-Motors-Werbefilm 1958. Nur weil sie eine Weile zurück liegt, ist diese Prognose keineswegs als Schnee von gestern abzutun. Im Gegenteil, sie erlebt jetzt, nach sechzig Jahren, eine von starkem Applaus begleitete Reaktivierung. Denn nun gehört die Gegenwart endlich der Vergangenheit an, die lang erwartete Zukunft hält (durch wen ferngesteuert?) Einzug und mit ihr die Erwartung an eine ganz neue, uns noch tiefer ergreifende Freude am Fahren – nein: am Gefahrenwerden durch autonome Roboter.

Wie n-tv.de 2017 berichtete, gilt in Deutschland der Robotiker Ernst Dieter Dickmanns als einer der Wegbereiter für das autonome Fahren. Als Professor an der Bundeswehruniversität München erarbeitete er das Prometheus-Programm für ein »europäisches Transportwesen mit höchster Effizienz und unerreichter Sicherheit auch autonom fahrende Forschungsfahrzeuge auf Basis eines Mercedes-Transporters und später einer S-Klasse, die mit Hilfe des sogenannten »Rechnersehens« Unfälle vermeiden konnten. 1994 legte die Limousine auf einer mehrsputigen Autobbahn im normalen Verkehr mit bis zu 130 km/h mehr als 1000 Kilometer zurück.

Oben: Ostersonntag 1913 in Manhattan. Das Verhältnis Fußgänger : Auto hatte sich 50 Jahre später genau umgekehrt.

Vision vom autonomen Fahren, 1962.

»In wenigen Jahren wird niemand mehr das Wort Automobil verwenden, sondern ausschließlich das Wort Citroën.«

André Citroën, Visionär und Fabrikant, 1934

Als André Citroën 1934 seinen Frontantriebswagen herausbrachte, den weltberühmt gewordenen »Traction Avant«, schaute Louis Renault mit gemischten Gefühlen auf den Konkurrenten in der Nachbarschaft am Seine-Ufer. Einerseits bewunderte er Citroëns Leistung, andererseits bezweifelte er die Durchsetzungsfähigkeit der neuen technischen Konzepte seines Rivalen, womit er nicht allein dastand. Renault produzierte in jenem Jahr fast 45.000 Personenwagen, Citroën kam immerhin auf 61.000 – nicht wegen, sondern trotz des »Traction Avant«. Dass der damals schon schwerkranke Unternehmer Citroën so gut wie bankrott war, schien Louis Renault nicht bekannt zu sein.
Citroëns Gläubigern auch nicht.
André Citroën, seit 1908 im Automobilgeschäft, führte nicht nur die Winkelverzahnung im Getriebebau ein, die sogar im Steuergetriebe des legendären Schnelldampfers »Titanic« Anwendung fand, sondern brachte auch jenen Kleinwagen namens 5 HP Trèfle (Kleeblatt) auf den Markt, der von Opel anschließend frech kopiert und ab 1924 als Laubfrosch (daher stammt die Redensart »dasselbe in Grün«) angeboten wurde. Und Citroën war ein Pionier der Automobilwerbung. Er schickte publicity-wirksame Auto-Expeditionen durch Afrika und Asien, nutzte die Atlantiküberquerung des Piloten Charles Lindbergh 1927 zu einem Werbefeldzug und mietete als erster den Eiffelturm zu Reklamezwecken. »Ich bin davon überzeugt«, äußerte er sich bei der Vorstellung des Traction Avant, »dass in wenigen Jahren niemand mehr das Wort Automobil verwenden wird, sondern ausschließlich das Wort Citroën!«
André Citroën hatte alles auf eine Karte gesetzt – und zu hoch gepokert. Ein viel zu umfangreiches Engagement auf nicht gewinnträchtigen Gebieten und außerordentlich hohe Investitionen in der Entwicklung eines Frontantriebsmodells, dessen Absatz anfangs hinter den Erwartungen blieb, brachten Citroën in rote Zahlen. Am 15. Dezember 1934 meldete das Haus Konkurs an. Am 21. des gleichen Monats lehnte das Gericht den Antrag auf Eröffnung des Konkursverfahrens jedoch ab und bestand auf einer förmlichen Abwicklung der Aktiengesellschaft.

> Citroën mietete als Erster den Eiffelturm für Leuchtreklame und schickte seine Autos werbewirksam in die Sahara.

Die Reifenfirma Michelin als zuliefernder Hauptgläubiger sprang ein, übernahm die Mehrheit der Citroën-Anteile und setzte mit Pierre Boulanger einen Generaldirektor ein. Ihm oblag die Aufgabe, den »Traction Avant« doch noch zu einem Erfolgswagen zu machen, und das gelang ihm bekanntlich auch. Bis 1974 verblieb Citroën mehrheitlich in Michelin-Besitz. Dann übernahm Peugeot die Aktienmehrheit; zusammen mit einem britisch-französischen Firmenkonglomerat, dem auch Simca angehörte und das sich Chrysler Europe nannte, wurde

Automobiles Citroën Bestandteil der Division Automobile bei Peugeot. Als Dachgesellschaft etablierte sich die PSA Peugeot Citroën. 2019 wurde schließlich auch Opel geschluckt – ein späte Rache für die Trèfle-Kopie?

Den Wiederaufstieg seiner Firma erlebte André Gustave Citroën, Jahrgang 1878, nicht mehr: Er verstarb am 3. Juli 1935 im Pariser Hospital Georges Bizet. Er dürfte in der Überzeugung verschieden sein, eine automobile Revolution eingeleitet zu haben. Das Wort »Automobil« wurde zwar weder durch den Citroën Traction Avant noch durch dessen formidable Nachfolger ersetzt, doch sie haber ihm in mancher Hinsicht eine neue Definition verliehen.

Konstruktionsschwächen verzögerten einen erfolgreichen Start des Traction Avant, wie André Citroën ihn sich vorgestellt hatte. Den Durchbruch durfte er nicht mehr erleben.

18

Flappers, Stars und Glamourladies: sie gehörten von Anfang an dazu

Cars are a girl's best friend

Sechs Richtige im Oldsmobile Convertible – Ladies' Day auf der Motorama Show, 1939.

Oben: Chandler 1926. Eine amerikanische Marke, die es von 1913 bis 1927 gab. Dieses Exemplar fand seinen Weg sogar nach Deutschland.

Links: »Seitdem wir hier hinten mitfahren, überholen uns keine anderen Autos mehr!«

Der Rolls-Royce ist Baujahr 1912, sein Motor hat 7410 ccm Hubraum, der Radstand beträgt 11 Fuß und 11 Zoll. Wie also lautet Daddys Bitcoin-Kontonummer in Andorra?

Oben: Englischer Rytecraft Kleinstwagen von 1936.

Oben: Revuegirls der Wisconsin State Music Hall, Milwaukee, 1932.

Rechts: Zwei unternehmungslustige Girls vor dem Start zu einer Campingtour, Mai 1917. Ihre Ausrüstung ist auf den Trittbrettern untergebracht: Das T-Modell verfügt über keinen Kofferraum.

Oben: »Ich weiß, Mom, der Rock ist ziemlich kurz. Aber ich habe mit meinem Auto doch gleich einen Termin beim TÜV!«

Links oben: Die Drehbuchautorin, Regisseurin und Filmdarstellerin Dolly Parton erhielt ihren ersten Oscar für die künstlerisch wertvolle Reisegepäckunterbringung in ihrem Cadillac.

Mexikanische Mütter sind die schönsten, schnellsten und überhaupt die besten Autofahrerinnen der Welt (sagen ihre Töchter).

Ewy Rosqvist war die erfolgreichsten schwedischen Rallyefahrerin und gewann u.a. 1959, 1960 und 1961 die Rallye-Europa-Damenmeisterschaft sowie mehrmals den Damenpokal der Schwedischen Mitternachtssonnenrallye. Mit Ursula Wirth holte sie sich den Gesamtsieg beim Straßen-Grand-Prix Argentinien 1962 auf Mercedes-Benz.

Rechts: Mannequin Colette Deréa als »Kühlerfigur« eines von Figoni karossierten Delahaye, 1948.

»… oh Lord, won't you buy me a Mercedes-Benz? My friends all drive Porsches, I must make amends …«

Janis Joplin, Rock- und Blues-Sängerin aus Texas, 1971

»The French are glad to die for love
They delight in fighting duels
But I prefer a man who lives
And gives expensive jewels
A kiss on the hand
May be quite continental
But diamonds are a girl's best friend!«

Das sang Marilyn Monroe (1926–1962), die eigentlich Norma Jeanne Baker hieß und keineswegs nur Diamanten liebte. Die berühmte Komödiantin hatte auch ein Faible für kostspielige Automobile. Wie alle Hollywood-Stars und -Starlets (erst recht die männlichen). Marilyns erstes Auto war ein Cadillac Cabriolet Baujahr 1948. Sie kaufte sich den (fabrikneuen) Wagen von Honoraren, die sie sich als Fotomodell verdient hatte, bevor sie ihre erste Hauptrolle in einem Film erhielt.
Marilyns sieben Jahre jüngere Kollegin Jayne Mansfield bevorzugte einen 1956er Lincoln Continental mit Nerzfell-Sitzbezügen (tödlich verunglückte sie 1967 jedoch in einem anderen Wagen); Grace Kelly alias Gracia Patricia stand auf Mercedes-Benz, wie auch Janis Joplin, die mit heisererem Sopran das unmelodisch vorgetragene Gebet zum Besten gab:

… Oh Lord, won't you buy me a Mercedes-Benz?
My friends all drive Porsches, I must make amends,
Worked hard all my lifetime, no help from my friends,
So Lord, won't you buy me a Mercedes-Benz …

Das Gebet schien an höherer Stelle aber kein Gehör gefunden zu haben, denn Janis fuhr wie ihre friends einen Porsche 356 C, kakelbunt bemalt – »psychedelic« nannte man derlei Kunstausprägungen damals, in welcher sich auch andere Promi-Autos präsentierten, wie der 1965er Rolls-Royce Phantom V des Beatles-Barden John Lennon zum Beispiel (»Baby you can drive my car«).
Rock'n'Roll-Ikone und Entengang-Erfinder Chuck Berry machte seine Passion für feine Automobile in vielen Texten seiner Songs deutlich wie etwa

»… it was a souped-up Mercedes, a cherry-red fifty-three …« (in »*You never can tell*«, 1964) oder

»I saw Mabellene in a Coup de Ville,
A Cadillac arollin' on the open road,
Nothin' will outrun my V8 Ford!
The Cadillac doin' about ninety-five,
She's bumper to bumper, rollin' side by side ….«
(in »*Maybellene*«, 1955).

»I saw her from the corner when she turned
and doubled back
And started walkin' toward a
coffee colored Cadillac …«
(in »*Nadine, is that you?*«}

Wem mag der kaffeebraune Cadillac gehört haben? Einem Mädchen namens Nadine? Der Musicalclown

Chuck Berry verriet es nicht. Die hingegen weniger durch Instrumental- oder Sangeskunst als durch andere Quanti- als auch Qualitäten in die Hall of Fame der Cineasten eingezogene Brigitte Bardot bevorzugte bescheiden eine Renault Floride. Ob sie das Auto barfüßig pilotierte, wie man es sich von Françoise Sagan erzählte, ist nicht überliefert. Die Schriftstellerin Sagan (»Bonjour tristesse«, »Lieben Sie Brahms?«) besaß einen 1950er Jaguar XK120 Roadster. Von ihr stammt der Ausspruch: »Auch in einem Rolls-Royce wird geweint, vielleicht sogar mehr als in einem Omnibus.« Wodurch auch immer Frankreichs prominente Bestseller-Autorin – 26 Romane – diese Erkenntnis gewonnen haben mag.

Links oben: Die Beatles posieren hier einmal nicht in John Lennons Rolls-Royce Phantom V.
Links: Catherine Deneuve im Mercedes Flügeltürer.

Leidenschaft auch am Volant. Von oben: Marylin Monroe, Grace Kelly sowie Nadja Tiller in der Rolle als Rosemarie Nitribitt.

Zitat-Index

»Mit seinem Motorwagen hat sich Mr. King auf ein höchst gefährliches Abenteuer eingelassen!«
Higginson, Samuel, 1896 • Seite 120

»Ihre Konstruktion ist der blanke Unsinn und hat sich als völlig untauglich erwiesen …«
Jellinek-Mercedes, Emil, 1906
Seite 26

»Mein letzter Wunsch: Ich möchte einst in einem Mercedes sterben …«
Jenatzy, Camille, 1903 • Seite 70

»… oh Lord, won't you buy me a Mercedes-Benz? My friends all drive Porsches, I must make amends …«
Janis Joplin, 1971 • Seite 236

»… welches Automobil kann auf kurze Entfernung überhaupt anhalten?«
Kafka, Franz, 1911 • Seite 164

»Du musst abschätzen, ob du ohne zu bremsen eine Kurve schneiden kannst …«
Ein Kaiserpreis-Rennfahrer, 1907
Seite 76

»Jeder Affe kann mit den heutigen Formel-Eins-Autos fahren!«
Lauda, Niki, 1990 • Seite 94

»Die neuen Straßen sind die besten der Welt, durch Fehlen der Schlaglöcher ist auch der Reifenverschleiß geringer.«
Lehmann, Richard, 1942 • Seite 126

»Die Motorhaube eines Autos wird nicht mehr so klotzig sein wie bisher!«
Loewy, Raymond, 1951 • Seite 50

»Ich kann mir einen Erfolg unserer Autos in Amerika nicht vorstellen!«
Lyons, Sir William, 1950 • Seite 144

»… noch ein bis zwei Kleiderhaken im Fond der Limousine wären vielleicht wünschenswert …«
Martin, F.A.E., 1930 • Seite 154

»Es wird zuviel Zeit und zuviel Arbeitslohn auf die Herstellung von Kraftfahrzeugen verwendet …«
Meibes, Otto, 1928 • Seite 124

»Mit Kopf, Armen und Beinen wäre das doch ein ganz nettes Kerlchen!«
Michelin, Edouard, 1898 • Seite 172

»Die Demonstration war ein voller Erfolg, was auf die Vertrautheit Seiner Kaiserlichen Hoheit mit dem Fahrrad zurückzuführen sein dürfte …«
Österreich. Automobilclub, 1898
Seite 24

»Sorry, Sir – aber vor dem Postamt unserer Stadt bestand schon immer Halteverbot!«
Polizeibeamter in Perth, 1925
Seite 192

»Wir bauen Autos, die keiner braucht, die aber jeder haben will …«
Porsche, Ferdinand, 1928 • Seite 44

»Die kürzeste Verbindung von A nach B ist nicht immer eine gerade Linie. Oft genug verläuft sie im Zickzack.«
Renault, Louis, 1935 • Seite 28

»Sich einer Pferdekutsche zu bedienen, wäre für mich undiskutabel gewesen!«
Rolls, Charles Stewart, 1896
Seite 102

»In spätestens zwei Jahren wird die Volkswagen-Fabrik völlig bedeutungslos geworden sein …«
Rootes, Sir Reginald, 1945 • Seite 48

»Mr. Bentley, Sie sind ein Geschäftsmann – aber ein Ingenieur sind Sie doch nicht …?«
Royce, Henry Frederick, 1931
Seite 136

»Langsamer, Rudi, jetzt langsamer! Wir haben schon alle überholt!«
Schulz, Heinrich, Caracciolas Beifahrer, 1923 • Seite 80

»Auf dem Trittbrett muss genügend Platz für den Picknickkorb und einen Champagnerkübel sein.«
Scott-Moncrieff, David, 1954
Seite 148

»Die Endphase der Motorisierung ist erreicht, wenn Parken mehr kostet als Autofahren!«
Sellers, Peter, 1978 • Seite 194

»Wir arbeiteten fieberhaft, meist mehr mit dem Hammer als mit Geduld …«
Stinnes, Clärenore, 1929 • Seite 112

»Mir hat ein Lastwagenchauffeur eine Tracht Prügel angedroht …«
Stringfield, Bessie, 1930 • Seite 66

»Sogar von Damen kann unser Wagen gesteuert werden!«
Ultramobile-Werbung, 1904 • Seite 54

»… vordere Achse verbogen, viel Kühlung notwendig, ein Huhn überfahren, Wagen war nicht mehr anzukurbeln …«
Unbekannter Automobilist, 1908
Seite 160

»Der Explosionsmotor wird von der Elektrizität bald gänzlich aus dem Felde geschlagen werden.«
Valbreuze, Richard de, 1908 • Seite 218

»Das Auto halte ich für eine vorübergehende Erscheinung. Ich glaube an das Pferd.«
Wilhelm II. von Hohenzollern • Seite 6

»Besonders als eleganter Stadtwagen eignet sich das Elektromobil ganz vorzüglich.«
Anonymer Verfasser eines Ratgeberbuches, 1908 • Seite 220

CALIFORNIA
J 18250

Bildquellen

Adam Opel AG: 77li
Archiv Michael Conrad: 212
Archiv Helmuth Kasimierowicz: 141un, 147ob
Archiv Peter Kurze: 47ob, 47mil, 175
Archiv Immo Mikloweit: 220re
Archiv Schlenger: 140ob, 141ob, 155ure
Archiv Rainer Simons: 196ob
Bibliothèque Nationale de France: 33ob, 44, 79un, 171un, 173, 185ob, 196un, 200uli
British Leyland Heritage Trust: 64un
British Museum: 128
Case: 11ob
Daimler AG: 13, 14mir, 27, 72un, 75ob, 81, 96ob, 107, 128ob, 172mir, 233ob
General Motors: 116, 117un, 228
Lartigue, J.H.: 204
Michelin S.A.: 173ob
National Motor Museum: 60ure, 85, 125ob
NSW State Collection: 193un
Pochert Galerie: 152ob, 155ob
Russell, Ken: 291ure
Shorpy: 149ob, 172mil, 190
Staatsarchiv Freiburg: 167
Scott-Moncrieff: 149un
Sloughton, Gerald: 155un
Tazzari Motors: 221
Volkswagen AG: 49
Warnecke, Harry: 119un
Wikimedia Commons: 2, 8, 9ob, 10ob, 11un, 20, 32ob, 34, 52, 53, 57ob, 63ure, 89, 93, 100, 110un, 114, 118, 119ob, 129, 131, 133, 135, 142un, 150un, 156, 158ob, 159un, 162un, 188, 189un, 191ob, 195ob, 195un, 200ob, 207ob, 225ure, 228, 229ure,, 231un, 233, 238

Alle nicht aufgeführten Abbildungen entstammen privaten Quellen oder dem Archiv des Autors.